普通高等教育“十二五”规划教材

电机及拖动基础学习指导

杨玉杰　孙红星　主编

朱连成　副主编

北　京

冶 金 工 业 出 版 社

2012

内 容 提 要

针对学习“电机及拖动基础”课程比较困难的局面，本书对直流电动机及其拖动基础、变压器、三相异步电动机及其拖动基础和同步电动机等各部分需要掌握的学习内容提出了基本要求和学习指导，并对重点和难点部分进行了总结和归纳。书中不仅给出典型例题分析，还提供具有一定难度的习题及其详解，每章后均有一定数量的自测题，最后设置四套模拟试题，以供读者检测学习效果。

本书是普通高等教育“十二五”规划教材，可作为高等院校自动化相关专业本科生或研究生的教学用书，还可供从事自动化相关工作的科研、技术人员阅读参考。

图书在版编目(CIP)数据

电机及拖动基础学习指导/杨玉杰，孙红星主编．—北京：冶金工业出版社，2012.8

普通高等教育“十二五”规划教材

ISBN 978-7-5024-5967-3

Ⅰ.①电…　Ⅱ.①杨…　②孙　Ⅲ.①电机学—实验—高等学校—教学参考资料　②电力传动—实验—高等学校—教学参考资料　Ⅳ.①TM306　②TM921-33

中国版本图书馆CIP数据核字(2012)第144673号

出 版 人　曹胜利

地　　址　北京北河沿大街嵩祝院北巷39号，邮编100009

电　　话　(010)64027926　电子信箱　yjcbs@cnmip.com.cn

责任编辑　王　优　美术编辑　李　新　版式设计　孙跃红

责任校对　李　娜　责任印制　牛晓波

ISBN 978-7-5024-5967-3

北京百善印刷厂印刷；冶金工业出版社出版发行；各地新华书店经销

2012年8月第1版，2012年8月第1次印刷

148mm×210mm；4.625印张；123千字；139页

15.00元

冶金工业出版社投稿电话：(010)64027932　投稿信箱：tougao@cnmip.com.cn

冶金工业出版社发行部　电话：(010)64044283　传真：(010)64027893

冶金书店　地址：北京东四西大街46号(100010)　电话：(010)65289081(兼传真)

(本书如有印装质量问题，本社发行部负责退换)

前　言

“电机及拖动基础”是电气工程及自动化专业的一门重要专业基础课，同时也是一门比较难教和难学的课程，学生往往需要投入很长的时间、花费很大的精力才能学好。因此，为了给学生学习本课程提供一些必要的指导，使其更好地理解和掌握本课程的主要内容，进而提高他们的自主学习效率和分析解决问题能力，为以后从事相关工作打好坚实基础，编者认真编写了本书。

本课程主要涉及工业企业中常用的电机拖动系统的基本理论及其在生产实践中的应用问题，内容包括直流电动机、变压器、交流电动机等的基本结构、工作原理、内部的电磁关系和能量关系。本书针对各章归纳总结了教学重点、难点及基本要求，对教学内容提供了必要的补充和有力的学习指导，每章均设置了典型例题分析和自测题，并在书后给出了自测题参考答案。编者根据多年的教学经验，参考重点院校优势学科的考研、考博试题，在本书的最后设置了四套模拟题，用于读者考查本课程的学习效果。

杨玉杰和孙红星教授担任本书主编，并负责第一、二、四、五章及模拟试题一～四的编写工作；朱连成老师担任副主编，并负责第三、六章的编写工作。在本书编写过程中，徐建英教授、吴丽娟教授等给予了大力支持，并提出了许多中肯的建议和意见，在此表示最诚挚的感谢。

由于编者水平所限，书中难免有不妥之处，敬请读者批评指正。

编 者

2012 年 4 月

目　录

第一章　直流电动机

一、基本要求

本章从分析直流电动机的工作原理、基本结构、能量转化关系及其在生产实践中的应用出发，重点讲述了他励直流电动机的基本工作原理及其物理关系，分析了电动机负载时的电枢反应及其产生的影响，并着重介绍了直流电动机负载运行时的功率平衡方程式、转矩平衡方程式和电压平衡方程式。

本章要求了解直流电动机的工作原理、基本结构和能量转化关系；熟练掌握直流电动机的基本工作原理及其物理关系，直流电动机负载运行时的功率平衡方程式、转矩平衡方程式和电压平衡方程式；并能灵活运用，解决生产实际中的问题。

二、内容概述

直流电动机的工作原理是建立在电磁感应原理基础上的，因此必须能熟练应用右手螺旋定则、右手定则、左手定则，并结合电刷和换向器的作用来确定各物理量的正方向。换向器是直流电动机的特有问题，必须予以重视。

旋转电动机都是由静止部分和旋转部分组成的。直流电动机的静止部分称为定子，其作用是建立主磁场；旋转部分称为转子（电枢），其作用是产生电磁转矩和感应电动势，实现能量转化。

直流电动机输入电能，输出机械能。

电枢绕组是直流电动机的核心部分。它们在电动机的磁场中旋转会感应出电动势；当绕组中有电流流过时，所产生的电枢磁动势与气隙磁场作用又会产生电磁转矩。电枢绕组是由许多个形状完全相同的绕组元件，按照一定的规律连接起来的。按照绕组元件和换向器的连接方式不同，其可以分为叠绕组（单叠绕组和复叠绕组）和波绕组（单波绕组和复波绕组）。常用的电枢绕组有单叠绕组和单波绕组。单叠绕组是将上层边位于同一磁极下的元件先串联成一条支路，不同磁极下的支路再并联，故并联支路数等于磁极数。单波绕组是将上层边位于同极性磁极下的元件串联成一条支路，由于磁极只有N极、S极两种，故并联支路数为2。

直流电动机能量变换是依靠气隙磁场进行的。直流电动机的磁场由励磁绕组和电枢绕组共同建立。电动机空载时，只有励磁电流建立的主磁场；负载时，电枢绕组流过电流产生电枢磁场，电枢磁场对励磁磁场的影响称为电枢反应。当电刷位于几何中性线时，只有交轴电枢反应。交轴电枢反应使气隙磁场发生畸变。电枢反应不仅使主磁场发生畸变，而且有一定的去磁作用。

直流电动机的能量变换可用电磁功率来表征，即 $E_aI_a = T_{em}\Omega$。对直流电动机，感应电动势是反电动势，其方向与电枢电流方向相反。而对于电动机而言，电磁转矩是拖动转矩，其方向与转速方向一致。

直流电动机的感应电动势为：

$$E_a = \frac{z_a}{2a} e_{av} = \frac{z_a}{2a} \cdot \frac{2p}{60} \cdot \Phi n = C_e \Phi n$$

式中 z_a——电枢绕组总元件数；

a——并联支路数；

e_{av}——一根导体的平均感应电动势，V；

p——磁极对数；

Φ——每极磁通，Wb；

n——转子转速，r/min；

C_e——电动势常数，V·min/(Wb·r)。

直流电动机的电磁转矩为：

$$T_{em} = \frac{pz_a}{2\pi a} I_a = C_T \Phi I_a$$

式中 I_a——电枢电流，A；

C_T——转矩常数，N·m/(Wb·A)。

直流电动机的电压平衡方程式为：

$$E_a = U - I_a R_a$$

式中 U——电动机的电枢电压，V；

R_a——电枢回路总电阻，包括电枢绕组电阻及电刷的接触电阻，Ω。

他励直流电动机的功率平衡方程式为：

$$P_{em} = P_1 - p_{Cua}$$

$$p_0 = p_m + p_{Fe} + p_{ad}$$

$$P_2 = P_{em} - p_0 = P_1 - \sum p$$

$$T_{em} = T_2 + T_0$$

式中 P_{em}——电磁功率，W；

P_1——电动机的输入功率，W；

p_{Cua}——电枢绕组的铜损耗，W；

p_0——空载损耗，W；

p_m——机械损耗，包括轴承及电刷的摩擦损耗及通风损耗，W；

p_{Fe}——铁损耗，包括电枢铁芯的磁滞损耗和涡流损耗，W；

p_{ad}——附加损耗，通常指没有包括在上述各项中的损耗，这部分损耗由于通常难以精确计算，一般占额定功率的0.5%～1%，W；

P_2——输出功率，W；

$\sum p$——总损耗，W；

T_2——输出转矩，N·m；

T_0——空载损耗转矩，N·m。

直流电动机的运行特性有转速特性、转矩特性和效率特性。他励电动机的转速特性表明：负载变化时转速的变化很小，属于硬特性。

三、重点与难点分析

重点：直流电动机负载运行时的功率平衡方程式、转矩平衡方程式和电压平衡方程式。

难点：直流电动机的电枢反应及其产生的影响。

四、典型例题分析

【例1-1】 一台他励直流电动机，$P_e = 40\text{kW}$，$U_e = 220\text{V}$，$I_e = 210\text{A}$，额定转速（即指额定电压和额定负载时的转子转速）$n_e = 1000\text{r/min}$，$R_a = 0.078\Omega$，$p_{ad} = 1\% P_e$。试求额定状态下：（1）输入功率 P_1 和总损耗 $\sum p$；（2）铜损耗 p_{Cu}、电磁功率 P_{em} 及铁损耗与机械损耗之和 $p_{Fe} + p_m$；（3）额定电磁转矩 T_{em}、输出转矩 T_2 和空载损耗转矩 T_0。

解 通过本例题可帮助大家熟练地掌握他励直流电动机的能量平衡关系和转矩平衡关系。

结合功率流程图得出下列关系式：

$$P_1 = p_{Cua} + P_{em}$$

$$P_1 = U_e I_e$$

$$P_{em} = P_2 + p_{ad} + p_{Fe} + p_m$$

$$P_{em} = E_a I_a = T_{em} \Omega$$

$$p_{Cua} = I_a{}^2 R_a$$

$$T_{em} = T_2 + T_0$$

$$T_{em} = \frac{P_{em}}{\Omega} = C_T \Phi I_a$$

$$T_2 = \frac{P_2}{\Omega} T_0 = \frac{p_0}{\Omega} = T_{em} - T_2$$

式中 U_e——额定运行状态时电动机的输入电源电压，V；

I_e——额定负载时电动机的允许长期输入的电流，A；

Ω——电枢的机械角速度，$\Omega=\frac{2\pi n}{60}$，rad/s。

应用例题中所给出的数据，可计算出：

（1）输入功率：$P_1=U_eI_e=220\times210=46200\text{W}=46.2\text{kW}$

总损耗：$\sum p=P_1-P_e=46.2-40=6.2\text{kW}$

（2）铜损耗：$p_{Cua}=I_e^2R_a=210^2\times0.078=3440\text{W}=3.44\text{kW}$

电磁功率：$P_{em}=P_1-p_{Cua}=46.2-3.44=42.76\text{kW}$

（由功率流程图得出）

或 $P_{em}=E_aI_a=(U_e-I_eR_a)I_e=42.76\text{kW}$（由电磁功率的两重性得出）

铁损耗与机械损耗之和：

$$p_{Fe}+p_m=P_{em}-P_e-p_{ad}=42.76-40-0.4=2.36\text{kW}$$

（3）电磁转矩：$T_{em}=\frac{P_{em}}{\Omega_e}=\frac{42.76\times10^3}{\frac{2\pi n_e}{60}}=408\text{N}\cdot\text{m}$

或 $T_{em}=C_T\Phi I_e=9.55\times C_e\Phi\left(C_e\Phi=\frac{U_e-I_eR_a}{n_e}\right)I_e=408.36\text{N}\cdot\text{m}$

（上面两种计算结果有误差，是由系数9.55造成的）

式中　Ω_e——电枢额定的机械角速度，$\Omega_e=\frac{2\pi n_e}{60}$，rad/s。

输出转矩：$T_2=\frac{P_2}{\Omega_e}=\frac{40\times10^3}{\frac{2\pi n_e}{60}}=382\text{N}\cdot\text{m}$

空载损耗转矩：　$T_0=T_{em}-T_2=26.5\text{N}\cdot\text{m}$

或　　$T_0=\frac{p_0}{\Omega_e}=\frac{p_{Fe}+p_m+p_{ad}}{\Omega_e}\approx26.5\text{N}\cdot\text{m}$

【例1-2】 电动机的技术数据与例1-1相同。试求：(1) 理想空载转速 n_0 与实际空载转速 n_0'；(2) 如额定负载不变，在电枢回路中串入0.1Ω电阻后，电动机的稳定电枢电流和转速；(3) 在额定负载情况下，电枢不串电阻和串入0.1Ω电阻时的电动机效率。

解 (1) 因为 $C_e\Phi_e = \dfrac{U_e - I_e R_a}{n_e} = 0.2036\text{V}\cdot\text{min/r}$

所以，理想空载转速：$n_0 = \dfrac{U_e}{C_e\Phi_e} = \dfrac{220}{0.2036} = 1080\text{r/min}$

$$C_T\Phi_e = 9.55 \times C_e\Phi_e = 1.9457\text{N}\cdot\text{m/A}$$

实际空载电流：$I_0 = \dfrac{T_0}{C_T\Phi_e} = \dfrac{26.5}{1.9457} = 13.57\text{A}$

实际空载转速：$n_0' = \dfrac{U_e - I_0 R_a}{C_e\Phi_e} = \dfrac{220 - 13.57 \times 0.078}{0.2036} = 1075\text{r/min}$

(2) 因为他励电动机磁通没有变化，所以负载转矩不变，则电枢电流的稳定值不变（即 $I_L = I_e$）。

所以，在串有0.1Ω电阻的情况下，电压平衡方程式为：

$$E_a = U_e - I_a(R_a + R_{zd})$$

转速：$n = \dfrac{U_e - I_e(R_a + 0.1)}{C_e\Phi_e} = \dfrac{220 - 210 \times (0.078 + 0.1)}{0.2036}$

$= 897\text{r/min}$

(3) 不串电阻时的电动机效率：

$$\eta = \left(1 - \frac{\sum p}{P_1}\right) \times 100\% = 86.58\%$$

串入0.1Ω电阻后，电枢回路的铜损耗增加了，所以总损耗也加大了。

$$\sum p' = \sum p + I_e^2 \times 0.1 = 6.2 + 4.41 = 10.61\text{kW}$$

所以 $\eta' = \left(1 - \dfrac{\sum p'}{P_1}\right) \times 100\% = \left(1 - \dfrac{10.61}{46.2}\right) \times 100\% = 77.24\%$

结论：通过上面两个例题可见，做直流电动机稳定运行分析时，应首先掌握直流电动机稳定运行时的基本原理以及电压平衡方程式、功率平衡方程式和转矩平衡方程式，这样就可以用不同的方法解题。

【例1-3】 要想改变直流电动机的转子转向，可用哪些方法实现?

解 改变直流电动机的转子转向就是改变电磁转矩的方向。因此，实现方法有两个：一是改变电枢电流的方向；二是改变励磁电流的方向以改变磁场方向。

五、自测题

1-1 直流电动机的励磁方式有（　　）、（　　）、（　　）和（　　）四种形式。

1-2 直流发电机的额定功率是指（　　）。

1-3 直流电动机电枢导体中的电势和电流是（　　）性质的。

1-4 单叠绕组的支路数与电动机的极数（　　）。

1-5 单波绕组的支路数是（　　）。

1-6 直流电动机电枢绕组的感应电势与电动机的转速

成(　　)。

1－7　他励直流发电机，当转速升高20%时，电势（　　）。

1－8　直流电动机的电磁转矩与电枢电流成（　　）。

1－9　直流电动机（　　）直接起动。

1－10　直流电动机一般采用（　　）和（　　）的方法起动，起动电流限制为额定电流的（　　）。

1－11　在电枢回路中串电阻调速，理想空载转速（　　），特性的（　　）增大。

1－12　直流电动机降压调速，理想空载转速（　　），特性的（　　）不变。

1－13　直流电动机弱磁调速，理想空载转速（　　），特性的（　　）变软。

1－14　当直流电动机带恒转矩负载时，若为他励电动机，当电枢电压下降时，其转速（　　），电枢电流（　　）。

1－15　运行中的并励直流电动机，其（　　）不能突然短路或断开。

1－16　判断下列结论是否正确，正确的在括号内打“√”，否则打“×”。

（1）他励直流电动机降低电源电压属于恒转矩调速方式，因此只能拖动恒转矩负载运行。(　　)

（2）他励直流电动机电源电压为额定值，电枢回路不串电阻，减弱磁通时，无论拖动恒转矩负载还是拖动恒功率负载，只要负载转矩不过大，电动机的转速都升高。(　　)

（3）他励直流电动机拖动的负载，只要转矩不超过额定转矩 T_e，不论采用哪一种调速方法，电动机都可以长期运行

而不致过热损坏。(　　)

(4) 他励直流电动机降压或串电阻调速时，最大静差率数值越大，调速范围也越大。(　　)

(5) 不考虑电动机在电枢电流大于额定电流的情况下运行时电动机是否因过热而损坏的问题，他励电动机带很大的负载转矩运行，减弱电动机的磁通，电动机的转速也一定会升高。(　　)

(6) 他励直流电动机降低电源电压调速与减小磁通升速，都可以做到无级调速。(　　)

(7) 降低电源电压调速的他励直流电动机带额定转矩运行时，不论转速高低，电枢电流 $I_a = I_e$。(　　)

1－17　直流电动机铭牌上的额定功率是指输出功率还是指输入功率？对发电机和电动机各有什么不同？

1－18　如何改变他励或并励直流电动机的转向？

1－19　他励直流电动机的转速特性是一条什么样的特性曲线？

1－20　直流电动机为什么不允许直接起动？

1－21　主磁通既交链着电枢绕组又交链着励磁绕组，为什么只在电枢绕组中有感应电势，而在励磁绕组中就不感应电势？

1－22　为什么直流电动机的电枢绕组至少有两条支路并联？

1－23　一台他励直流电动机，额定数据为：$U_e = 220V$，$I_e = 80A$，$R_a = 0.1\Omega$，$n_e = 1000r/min$，附加损耗 p_{ad} 为额定功率的1%，$\eta_e = 85\%$，忽略电枢反应。试求：(1) 电动机的额

定输入功率和额定输出功率；（2）电枢回路铜损耗 p_{Cua}、励磁绕组铜损耗 p_{Cuf}、附加损耗 p_{ad}、总损耗 $\sum p$ 以及机械损耗 p_m 和铁损耗 p_{Fe}之和；（3）额定输出转矩 T_{2e}；（4）额定电磁转矩 T_{eme}；（5）理想空载转速 n_0；（6）在额定负载下，当电枢回路中串入 0.2Ω 电阻后，电动机的稳定运行转速 n。

第二章 直流电动机的电力拖动

一、基本要求

本章从应用和生产实际出发，介绍了以直流电动机为主要元件所组成的直流电动机拖动系统，介绍并分析了典型负载的负载转矩特性，详细讨论并分析了稳定状态时直流电动机的机械特性，重点介绍并分析了直流电动机的起动、制动和调速特性，最后详细分析并讨论了直流电动机动态时的各个物理量（n、T_{em}、I_a、P）随时间变化的关系。

本章要求了解直流电动机拖动系统的组成；掌握电力拖动系统的运动方程式、典型负载的负载转矩特性；熟练掌握他励直流电动机的固有和人工机械特性、主要起动方法以及他励直流电动机的制动原理、制动方法和功率关系；掌握主要调速方法和调速特性。

二、内容概述

电力拖动系统是指由电动机和电动机转轴上的负载（包括通过传动机构）所组成的一个动力学整体。典型负载共有四种，即反抗性恒转矩负载、位能性恒转矩负载、恒功率负载及通风机负载。电力拖动系统稳定运行时，满足 $T_{em}=T_L$（T_L 为负载总转矩，包括转轴上输出转矩和空载转矩）。该式表示电力拖动系统的运行状态及运行转速不仅与电动机的机械特性有关，而且与负载的机械特性有关。当电动机确定后，系统的转速大小由负载决定。

直流电动机的机械特性指电动机的转速与电动机的电磁转矩之间的关系，即 $n=f(T_{em})$。直流电动机的机械特性方程式的一般形式为：

$$n=\frac{U}{C_e\Phi}-\frac{R_a}{C_eC_T\Phi^2}T_{em}$$

当 $U=U_e$、$\Phi=\Phi_e$、电枢回路不串任何电阻时，所得到的电动机的机械特性就是电动机的自然机械特性。电动机的自然机械特性是一条稍下倾的直线，额定负载时的转速降 $\Delta n_e=\beta_eT_{em}$（β_e 为自然机械特性的斜率，也称为自然机械特性的硬度，通常 β_e 很小，表示自然机械特性是一条倾斜度很小的直线）很小，机械特性为硬特性。固有特性可用理想空载点（$n=n_0$，$T=0$）和额定工作点（n_e，T_{em}）两点来确定。

改变电源电压、改变主磁通或者电枢回路串接电阻就分别得到三条不同的人工机械特性，即降低电动机电源电压时的人工机械特性、减弱电动机主磁通时的人工机械特性和电枢回路串接电阻时的人工机械特性。降低电动机电源电压时的人工机械特性曲线是从自然特性曲线往下移，而且降压人为特性与固有特性平行。减弱电动机主磁通时的人工机械特性不仅使理想空载转速 n_0 升高，而且机械特性的硬度变软（转速降变大）。电枢回路串接电阻时的人工机械特性是通过理想空载点的一束直线，所串电阻越大，机械特性就越软。

电力拖动系统的稳定运行条件如下：

（1）必要条件。电动机的机械特性与生产机械负载转矩特性必须相交，只有在交点处（$T=T_L$）系统才处于平衡状态。

（2）充分条件。在交点处必须满足$\frac{dT}{dn}<\frac{dT_L}{dn}$，所以具有上翘机械特性的拖动系统运行是不稳定的。

对直流电动机的起动要求是：有足够大的起动转矩T_{st}和尽可能小的起动电流I_{st}（这也是对交流电动机的起动要求）。由于$I_{st}=\frac{U}{R_a}$很大，直流电动机的起动方法有电枢回路串电阻分级起动和降低电源电压起动两种。

直流电动机制动时一般保持$\Phi=\Phi_e$的大小与方向不变，特点是电磁转矩T_{em}的方向和转速n的方向相反。制动时的机械特性一般位于第二、四象限。制动方法有能耗制动、反接制动（电源反接制动和倒拉反接制动）和回馈制动。

各种制动稳定运行转速的确定方法是：当电动机的特性与负载的特性有交点时，交点的转速即为稳定运行的转速。如果没有交点，那么稳定运行的结果为停车。

各种制动的特点如下：

（1）能耗制动。电源电压$U=0$，电枢回路串入电阻R_{zd}。机械特性方程为：

$$n=-\frac{R_a+R_{zd}}{C_eC_T\Phi_e^2}T$$

当$n=0$时，$T=0$。对反抗性负载而言，能耗制动可以实现准确停车，不会反向起动。而对于位能性负载而言，由于负载转矩的作用是使负载反向转动，最终实现稳速下放，对应第四象限。稳定下放转速 $n_z = -\frac{R_a + R_{zd}}{C_e C_T \Phi_e^2} T_L$。计算结果显示 n_z 为负值，表示稳速下放重物，与提升状态（电动状态）时转向相反。

能耗制动将从负载上输入的机械能转变成电能，消耗在电枢回路电阻 $R_a + R_{zd}$ 上。

（2）电源反接制动。电压变为（$-U_e$），在电枢回路中串入较大电阻 R_{zd}。机械特性方程为：

$$n = -\frac{U_e}{C_e \Phi_e} - \frac{R_a + R_{zd}}{C_e C_T \Phi_e^2} T_{em}$$

第二象限为反接制动停机过程。当 $n = 0$ 时，$T \neq 0$，所以制动效果好。但停机时若不及时切断电源，系统有可能反向起动，进入反向电动状态。

第三象限为反向电动状态。对于反抗性负载，若反接制动至 $n = 0$ 时不切断电源，当堵转转矩与负载转矩间满足 $|T_D| > |T_L|$ 时，系统则会反向起动，而稳定运行于第三象限。此时 $n < 0$ 且 $T < 0$，n 与 T 方向一致，故仍为反向电动状态。

第四象限为回馈制动状态。对于位能性负载，反接后最终稳定运行于第四象限，以 $|n| > |n'_0|$ 的高速将重物稳速下放，由下可知，这时 $|n| > |n'_0|$，属于回馈制动。

（3）倒拉反接制动，其他条件与电动状态相同，只是转子串入较大电阻 R_{zd}，通常用于位能负载稳定低速下放。机械特性方程为：

$$n = \frac{U_e}{C_e \Phi_e} - \frac{R_a + R_{zd}}{C_e C_T \Phi_e^2} T_{em}$$

反接制动时的运行特点为：制动运行时，实际转向与其理想空载转速方向相反；制动过程中，一方面从电网吸收电功率，另一方面又从轴上输入机械功率，两者都转换成电功率而消耗在电枢回路电阻 R_a+R_{zd} 上。

(4) 回馈制动。其特点为：$|n|>|n_0|$；T_{em} 为负，起制动作用。机械特性方程为：

$$n=\pm\frac{U}{C_e\Phi_e}-\frac{R_a+R_{zd}}{C_eC_T\Phi_e^2}T_{em}$$

为使下放转速不至于太高，通常取 $R_{zd}=0$。此时，电动机将轴上输入的机械功率（即系统所储的动能或位能）转换成电能而送回电网。

直流电动机在负载不变时，通过改变电动机的电气参数就可改变电力拖动系统的运行转速，即实现电气调速。直流电动机的调速方法有电枢串联电阻调速、降低电源电压调速、减小主极磁通调速。其中，电枢串联电阻调速和降低电源电压调速属于恒转矩调速，减小主极磁通调速属于恒功率调速。对于同一个负载，串联电阻调速中 R_{zd} 越大，则 n 越低。这种调速方法简单，但只能应用于对调速性能要求不高的场合。降低电枢端电压时，转速也是向低于 n_e 方向调节。但由于人为特性硬度不变，不仅满载或轻载时都有明显的调速效果，而且负载变化时转速波动小、静态稳定性好、调速范围大，所以这种调速方法被广泛应用于对调速、起动与制动要求较高的场合。减弱磁通 Φ 时，转速向高于 n_e 方向调节，但是 n_{max} 受机械强度与换向的限制，一般只能达到 $n_{max}=(1.2\sim2)n_e$，调速范围不大。由于减小主极磁通调速也可做到高效无级调速，所以其一般是与降低电源电压调速配合使用，以扩大调速范围。

当电力拖动系统的负载、参数或运行方式等发生变化，由于系统具有惯性（机械惯性、电磁惯性与热惯性等），使之从一个稳定运行状态变为另一个稳定运行状态时，系统各物理量的改变不可能瞬时完成，必须经过一个连续变化的过程，称为过渡过程。在研究过渡过程中，通常只考虑机械惯性对过渡过程的影响（称为机械过渡过程）。

他励直流电动机机械过渡过程的一般解为：

（1）电枢电流变化规律。

$$I_a = I_z + (I_Q - I_z)e^{-t/T_M} = I_z(1 - e^{-t/T_M}) + I_Q e^{-t/T_M}$$

（2）电磁转矩变化规律。

$$T = T_L + (T_Q - T_L)e^{-t/T_M}$$

（3）转速变化规律。

$$n = n_z + (n_Q - n_z)e^{-t/T_M} = n_z(1 - e^{-t/T_M}) + n_Q e^{-t/T_M}$$

（4）加速度变化规律。

$$\frac{dn}{dt} = \frac{n_z - n_Q}{T_M}e^{-t/T_M}$$

（5）过渡过程时间。若求整个过渡过程的时间，可取 $t = (3 \sim 4)T_M$；若求一段过渡过程的时间（包括虚稳态在内），则：

$$t_x = T_M \ln\frac{I_Q - I_z}{I_x - I_z} = T_M \ln\frac{n_Q - n_z}{n_x - n_z}$$

式中 t_x——从过渡过程开始（$t=0$）至所考虑的某终点所需时间；

T_M——电力拖动系统的机电时间常数，$T_M=\dfrac{GD^2(R_a+R_{zd})}{375C_eC_T\Phi_e^2}$（$GD^2$ 为转动系统的飞轮惯量或飞轮转矩，N·m^2，表示整个转动系统的惯性的物理量）；

I_z，n_z——分别为电动机机械特性与负载转矩特性的交点所对应的电枢电流和转速值（视具体情况，可能为稳定点的值，也可能是虚稳态点的值），$I_z=\dfrac{T_L}{C_T\Phi_e}$，$n_z=\dfrac{U_e-I_z(R_a+R_{zd})}{C_e\Phi_e}$；

I_Q,n_Q——分别为过渡过程起始瞬间的电流、转矩、转速的起始值；

I_x，n_x——分别为电流与转速的终值。

他励直流电动机各种方法的起动、制动、调速、负载变化或反转等的机械过渡过程，均可以利用以上各通式求解其动态特性，只是式中的 T_M 值、终了值、稳定值应根据实际情况而定。

三、重点与难点分析

重点：直流电动机的机械特性、起动方法、制动方法和调速特性。

难点：直流电动机的机械特性、制动方法和调速特性。

四、典型例题分析

【例 2-1】 有一台他励直流电动机，其铭牌数据如下：

$P_e = 40\text{kW}$，$U_e = 220\text{V}$，$I_e = 210\text{A}$，$n_e = 750\text{r/min}$，$R_a = 0.07\Omega$。试求：（1）自然机械特性；（2）$R_{zd} = 0.4\Omega$ 时的人工机械特性；（3）$U = 110\text{V}$ 时的人工机械特性；（4）$\Phi = 0.8\Phi_e$ 时的人工机械特性（式中，Φ_e 为电动机的额定磁通）。

解　由于他励直流电动机的机械特性是一条直线，只要根据机械特性方程式求出两点即可画出特性曲线。因为

$$n = \frac{U_e}{C_e\Phi_e} - \frac{R_a}{C_e C_T \Phi_e^2} T_{em}$$

所以必须求出电动机的 $C_e\Phi_e$、$C_T\Phi_e$ 的值，即：

$$C_e\Phi_e = \frac{U_e - I_e R_e}{n_e} = \frac{220 - 210 \times 0.07}{750} = 0.2737\text{V} \cdot \text{min/r}$$

$$C_T\Phi_e = 9.55 C_e\Phi_e = 9.55 \times 0.2737 = 2.5374\text{N} \cdot \text{m/A}$$

（1）绘制自然机械特性曲线。条件是：电压、磁通均为额定值，电枢不串接电阻。根据

$$n = \frac{U_e}{C_e\Phi_e} - \frac{R_a}{C_e C_T \Phi_e^2} T_{em} = \frac{220}{0.2737} - \frac{0.07}{0.2737 \times 2.5374} T_{em}$$

$$= 804 - 0.1008 T_{em}$$

可得：　　$T_{em} = 0$，$n = n_0 = 804\text{r/min}$

$$T_{em} = T_e = C_T\Phi_e I_a = 2.5374 \times 210 = 546.84\text{N} \cdot \text{m},$$

$$n = n_e = 750\text{r/min}$$

过上述两点画出直线即得自然机械特性曲线，如图 2 - 1 中曲线①所示。

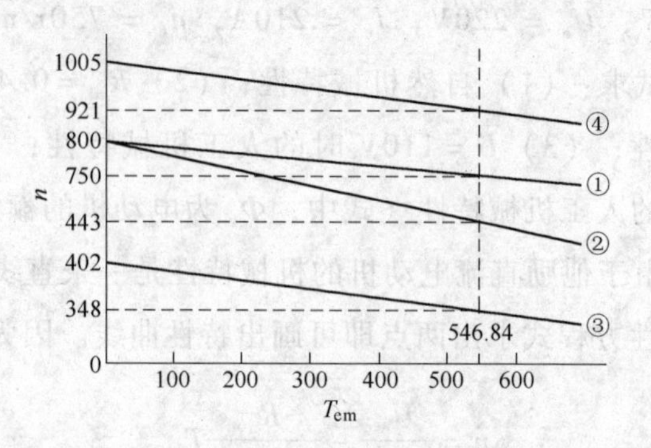

图 2－1 机械特性曲线

（2）绘制 $R_{zd}=0.4\Omega$ 时的人工机械特性曲线。条件是：电压、磁通为额定值，电枢电路的电阻为 R_a+R_{zd}。根据

$$n=\frac{U_e}{C_e\Phi_e}-\frac{R_a+R_{zd}}{C_eC_T\Phi_e^2}T_{em}=804-\frac{0.07+0.4}{0.2737\times2.5374}T_{em}$$

$$=804-0.6768T_{em}$$

可得： $T=0$，$n=n_0=804\text{r/min}$

$$T=T_e=546.84\text{N}\cdot\text{m},\ n=804-0.6768\times546.84$$

$$=443\text{r/min}$$

过上述两点画直线即得 $R_{zd}=0.4\Omega$ 时的人工机械特性曲线，如图中曲线②所示。

（3）绘制 $U=110\text{V}$ 时的人工机械特性曲线。条件是：磁通为额定值，电枢回路没有附加电阻，外加电压为 110V。根据

$$n=\frac{U}{C_e\Phi_e}-\frac{R_a}{C_eC_T\Phi_e^2}T_{em}=\frac{110}{0.2737}-\frac{0.07}{0.2737\times2.5374}T_{em}$$

$=402-0.1008T_{em}$

可得：　　$T_{em}=0$，$n=n_0=402\text{r/min}$

$T_{em}=T_e=546.84\text{N}\cdot\text{m}$，$n=402-0.1008\times546.84=348\text{r/min}$

过上述两点画直线即可得 $U=110\text{V}$ 时的人工机械特性曲线，如图中曲线③所示。

（4）绘制 $\Phi=0.8\Phi_e$ 时的人工机械特性曲线。条件是：电压为额定值，电枢回路没有附加电阻，磁通 $\Phi=0.8\Phi_e$。根据

$$n=\frac{U_e}{C_e\Phi}-\frac{R_a}{C_eC_T\Phi^2}T_{em}=\frac{220}{0.8\times0.2737}-\frac{0.07}{0.8^2\times0.2737\times2.5374}T_{em}$$

$=1005-0.1575T_{em}$

可得：　　$T_{em}=0$，$n=n_0=1005\text{r/min}$

$T_{em}=T_e=546.84\text{N}\cdot\text{m}$，$n=1005-0.1575\times546.84=921\text{r/min}$

过上述两点画直线即得 $\Phi=0.8\Phi_e$ 时的人工机械特性曲线，如图中曲线④所示。

说明：

（1）为了方便画图及研究问题，通常以理想空载点和额定负载点来确定特性曲线；

（2）弱磁时对应 T_e 的电枢电流 I_a 必然大于 I_e，所以如果电动机要产生 T_e 的转矩，则实际上是过载运行。

【例 2－2】 他励直流电动机的铭牌数据为：$P_e=30\text{kW}$，$U_e=220\text{V}$，$I_e=156.9\text{A}$，$n_e=1500\text{r/min}$，$R_a=0.082\Omega$，$T_{max}=2T_e$。（1）带反抗性负载 $T_L=0.8T_e$ 运行时，进行能耗

制动，试求制动电阻 R_{zd}。（2）带位能性负载 $T_L = T_e$，欲以1000r/min下放重物，可用什么方法实现？试求各种方法应串的制动电阻 R_{zd} 以及各种制动方法制动到 $n = 0$ 时的转矩。（3）带反抗性负载 $T_L = T_e$ 进行电压反接制动，$T_{max} = 2T_e$，试求制动电阻 R_{zd}。电动机能否反转？若能反转，试求反转转速。（4）带位能性负载 $T_L = 0.8T_e$，欲使重物以1800r/min下放，试求应串的制动电阻 R_{zd}。欲使下放转速变小，R_{zd}应如何变化？

解　首先求出基本数据：

$$C_e\Phi_e = \frac{U_e - I_a R_a}{n_e} = \frac{220 - 156.9 \times 0.082}{1500} = 0.1381\text{V}\cdot\text{min/r}$$

$$C_T\Phi_e = 9.55C_e\Phi_e = 1.3189\text{N}\cdot\text{m/A}$$

$$\begin{aligned}T_{em} &= C_T\Phi_e I_e = 9.55C_e\Phi_e I_e = 9.55 \times 0.1381 \times 156.9 \\ &= 476.64\text{N}\cdot\text{m}\end{aligned}$$

（1）由于带的不是额定负载，要先求出原来的运行转速：

$$n' = n_0 - \frac{R_a}{C_e C_T \Phi_e^2} T_{em} = 1593.05 - \frac{0.082}{0.1381 \times 1.3189} \times 0.8 \times 476.64$$

$$= 1518.519\text{r/min}$$

根据题意，写出能耗制动的机械特性方程式，并代入相关的数值：

$$n_1 = 1518.519 = -\frac{R_a + R_{zd}}{C_e C_T \Phi_e^2} T_{em} = -\frac{0.082 + R_{zd}}{0.1381 \times 1.3189} \times$$

$$(-2 \times 476.64)$$

$$R_{zd} = 0.586\Omega$$

（2）带位能性负载 $T_L = T_e$，以 1000r/min 下放重物，机械特性曲线位于第二象限，首先可以排除电压反接制动和回馈制动。因为这两种制动对于位能性负载而言，最终必然工作在 $|n| > |n_0|$ 状态，所以可用倒拉反转（电势反接制动）和能耗制动两种方法实现。

倒拉反转：

$$n_2 = -1000\text{r/min} = n_0 - \frac{R_a + R_{zd}}{C_e C_T \Phi_e^2} T_{em} = 1593.05 - \frac{0.082 + R_{zd}}{0.1381 \times 1.3189} \times 476.64$$

$$R_{zd} = 0.909\Omega$$

$$T_D = C_T \Phi_e I_D = 1.3189 \times \frac{U_e}{R_a + R_{zd}} = 292.79\text{N} \cdot \text{m}$$

能耗制动：

$$n_3 = -1000\text{r/min} = -\frac{R_a + R_{zd}}{C_e C_T \Phi_e^2} T_{em} = -\frac{0.082 + R_{zd}}{0.1381 \times 1.3189} \times 476.64$$

$$R_{zd} = 0.798\Omega，\ T_D = 0$$

通过计算可知，采用倒拉反转和能耗制动方法求得的制动电阻大小不同。采用能耗制动时，制动瞬间的最大制动电流为：

$$I_{max} = \frac{E_a}{R_a + R_{zd}} = \frac{0.1381 \times 1518.519}{0.082 + 0.798} = 238.30\text{A}$$

采用倒拉反转时，制动瞬间的最大制动电流为：

$$I_{max}=\frac{E_a}{R_a+R_{zd}}=\frac{0.1381\times1518.519}{0.082+2.2}=91.896\text{A}$$

两种方法的最大制动电流都满足 $T_{max}\leqslant 2T_e$ 的限制条件，因此两种方法都可以实现以 1000r/min 下放重物。如果哪种方法不满足 $T_{max}\leqslant 2T_e$ 的条件，那么就不能采用该种方法下放重物。

（3）带反抗性负载 $T_L=T_e$ 进行电压反接制动，$T_{max}=2T_e$ 时：

$$n=-n_0-\frac{R_a+R_{zd}}{C_eC_T\Phi_e^2}T_{em}=-1593.05-\frac{0.082+R_{zd}}{0.1381\times1.3189}\times(-2\times476.64)=1500\text{r/min}$$

$R_{zd}=0.509\Omega$

堵转转矩 $T_D=-953.603\text{N}\cdot\text{m}$

由于 $|T_D|>|T_L|$，电动机能反转。反转转速为：

$$n=-n_0-\frac{R_a+R_{zd}}{C_eC_T\Phi_e^2}T_{em}=-1593.05-\frac{0.082+0.509}{0.1381\times1.3189}\times(-476.64)=-46.47\text{r/min}$$

（4）带位能性负载 $T_L=0.8T_e$ 时：

$$n=-n_0-\frac{R_a+R_{zd}}{C_eC_T\Phi_e^2}T_{em}=-1593.05-\frac{0.082+R_{zd}}{0.1381\times1.3189}\times(0.8\times476.64)=-1800\text{r/min}$$

$R_{zd}=0.017\Omega$

欲使下放转速变小，R_{zd}应变小。

通过上面两个例题，可以总结出稳态运行计算的步骤是：

（1）先画出机械特性草图（这一步也可在头脑中进行），这样可以使运行状态一目了然，有助于判断计算结果是否正确。

（2）一般都采用机械特性方程式进行计算，因此首先要计算出 $C_e\Phi_e$、$C_T\Phi_e$、n_0、T_e 等几个数据。

（3）根据题意，列出与计算有关的电压平衡方程式、固有和人工机械特性方程式。至于到底采用哪种方法计算，原则上是哪种方法简单就采用哪种。例如，拖动恒转矩负载降电压或串电阻运行时，T 不变，I_a 不变，采用机械特性方程式比较简单；拖动恒功率负载弱磁调速时，I_a 不变，E_a 不变，采用电压平衡方程式比较简单（注意此时 T 变化）。

【例 2－3】 他励直流电动机在下述情况下，转速、电枢电流和电动势是否变化？如何变化？（1）磁通 Φ 和电枢电压 U_a 不变，电磁转矩 T_{em} 减小；（2）磁通 Φ 和电磁转矩 T_{em} 不变，电枢电压 U_a 降低；（3）电枢电压 U_a、电磁转矩 T_{em} 不变，磁通 Φ 减少；（4）电枢电压 U_a、磁通 Φ 和电磁转矩 T_{em} 不变，电枢电路 R_a 增加。

解 （1）Φ 和 U_a 不变、T_{em} 减小时，$n=\dfrac{U_a}{C_e\Phi}-\dfrac{R_a}{C_eC_T\Phi^2}T_{em}$，所以 n 增加；$I_a=\dfrac{T_{em}}{C_T\Phi}$，所以 I_a 减小；$E=C_e\Phi n$，所以 E 增加。

（2）Φ 和 T_{em} 不变、U_a 降低时，$n=\dfrac{U_a}{C_e\Phi}-\dfrac{R_a}{C_eC_T\Phi^2}T_{em}$，所

以 n 减小；$I_a=\frac{T_{em}}{C_T\Phi}$，所以 I_a 不变；$E=C_e\Phi n$，所以 E 减小。

（3）U_a 和 T_{em} 不变、Φ 减少时，$n=\frac{U_a}{C_e\Phi}-\frac{R_a}{C_eC_T\Phi^2}T_{em}$，所以 n 增加；$I_a=\frac{T_{em}}{C_T\Phi}$，所以 I_a 增加。

（4）U_a、Φ 和 T_{em} 不变，R_a 增加时，$n=\frac{U_a}{C_e\Phi}-\frac{R_a}{C_eC_T\Phi^2}T_{em}$，所以 n 减小；$I_a=\frac{T_{em}}{C_T\Phi}$，所以 I_a 不变；$E=C_e\Phi n$，所以 E 减小。

【例 2-4】 一台他励直流电动机的铭牌数据为：$P_e=55\text{kW}$，$U_e=220\text{V}$，$I_e=280\text{A}$，$n_e=635\text{r/min}$，$R_a=0.044\Omega$，$T_L=400\text{N}\cdot\text{m}$，系统总飞轮矩为 $GD^2=500\text{N}\cdot\text{m}^2$。就反抗性恒转矩负载与位能性恒转矩负载两种情况：（1）试求电动机在固有特性上进行能耗制动，制动开始时的最大制动转矩为 $2.0T_e$ 时，电枢回路应串入的电阻值。（2）画出过渡过程的转速曲线。（3）计算制动到 $n=0$ 时所需的时间。（4）试求当转速制动到 $n=0$ 时，如不采取停车措施，转速到达稳定值时整个过渡过程时间。

解　（1）按照前面的分析解题步骤，先求出 $C_e\Phi_e$、$C_T\Phi_e$、n_0、T_e 等几个数据：

$$C_e\Phi_e=\frac{U_e-R_aI_e}{n_e}=\frac{220-0.044\times280}{635}=0.327\text{V}\cdot\text{min/r}$$

$$C_T\Phi_e=9.55C_e\Phi_e=9.55\times0.327=3.123\text{N}\cdot\text{m/A}$$

$$n_0 = \frac{220}{0.327} = 673\,\text{r/min}$$

$$n = \frac{U_e - R_a I}{C_e \Phi_e} = \frac{U_e}{C_e \Phi_e} - \frac{R_a}{C_e C_T \Phi_e^2} T_{em} = \frac{220}{0.327} -$$

$$\frac{0.044}{3.123 \times 0.327} \times 400$$

$$= 673 - 17.23 \approx 656\,\text{r/min}$$

无论是反抗性恒转矩负载还是位能性恒转矩负载，由于制动开始时的最大制动转矩相同，制动时电枢回路所串电阻相同。

由能耗制动的特点可写出其机械特性方程为：

$$n = -\frac{R_a + R_{zd}}{C_e C_T \Phi_e^2} T_{em}$$

将制动开始点的转速、转矩代入可得：

$$n_B = n_A = -\frac{0.044 + R_{zd}}{0.327} \times (-2I_e)$$

$$656 = -\frac{0.044 + R_{zd}}{0.327} \times (-2 \times 280)$$

制动时电枢回路所串电阻为：

$$R_{zd} = 0.339\Omega$$

（2）过渡过程的转速曲线。

1）反抗性恒转矩负载。能耗制动的转速动态特性曲线如图2-2中曲线③所示，其中虚线部分为虚稳态。

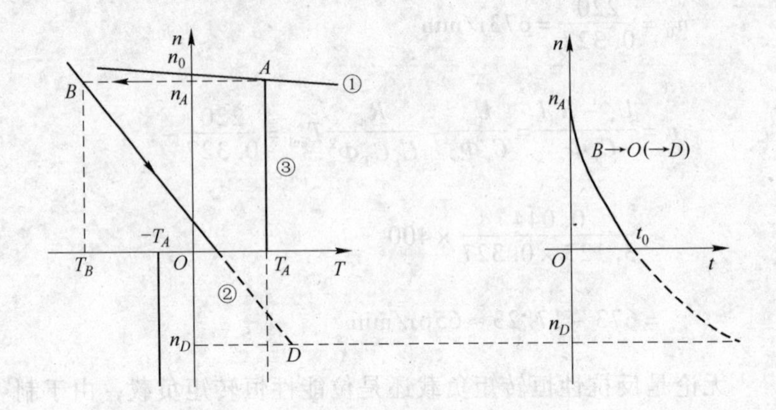

图 2-2 拖动反抗性恒转矩负载能耗制动的转速动态特性曲线

虚稳态点的转速为：

$$n_D = -\frac{0.044 + 0.339}{3.123 \times 0.327} \times 400 = -150\text{r/min}$$

转速动态特性方程为：

$$n = n_D(1 - \mathrm{e}^{-\frac{t}{T_\mathrm{M}}}) + n_B \mathrm{e}^{-\frac{t}{T_\mathrm{M}}}$$

能耗制动机电时间常数为：

$$T_\mathrm{M} = \frac{GD^2}{375} \cdot \frac{R_\Sigma}{C_\mathrm{e} C_\mathrm{T} \Phi_\mathrm{e}^2} = \frac{500}{375} \times \frac{0.044 + 0.339}{3.123 \times 0.327} = 0.5\mathrm{s}$$

转速动态特性表达式为：

$$n = -150 \times (1 - \mathrm{e}^{-\frac{t}{0.5}}) + 656 \times \mathrm{e}^{-\frac{t}{0.5}}$$

2）位能性恒转矩负载。能耗制动的转速动态特性曲线如图 2-3 中曲线④所示，对于位能性恒转矩负载，不存在虚稳态点。D 点是最后稳定下放重物状态。

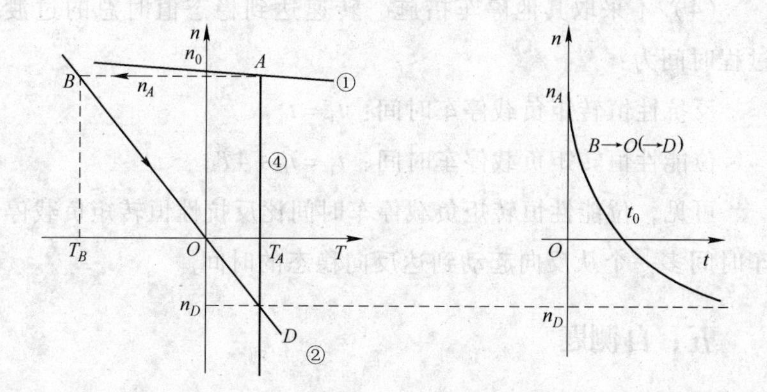

图 2-3　拖动位能性恒转矩负载能耗制动的转速动态特性曲线

稳定下放速度为：

$$n_D = -\frac{0.044 + 0.339}{3.123 \times 0.327} \times 400 = -150\text{r/min}$$

转速动态特性方程为：

$$n = n_D(1 - e^{-\frac{t}{T_M}}) + n_B e^{-\frac{t}{T_M}}$$

能耗制动机电时间常数为：

$$T_M = \frac{GD^2}{375} \cdot \frac{R_\Sigma}{C_e C_T \Phi_e^2} = \frac{500}{375} \times \frac{0.044 + 0.339}{3.123 \times 0.327} = 0.5\text{s}$$

转速动态特性表达式为：

$$n = -150 \times (1 - e^{-\frac{t}{0.5}}) + 656 \times e^{-\frac{t}{0.5}}$$

（3）能耗制动停车，无论是反抗性恒转矩负载还是位能性恒转矩负载，制动停车时间都是相同的。停车时间为：

$$t_0 = T_M \ln \frac{n_z - n_B}{n_z - 0} = 0.5 \times \ln \frac{-150 - 656}{-150} = 0.5 \times \ln 5.373 = 0.841\text{s}$$

（4）不采取其他停车措施，转速达到稳态值时总的过渡过程时间为：

反抗性恒转矩负载停车时间：$t_1 = t_0$

位能性恒转矩负载停车时间：$t_1 = t_0 + 4T_M$

可见，位能性恒转矩负载停车时间比反抗性恒转矩负载停车时间多一个从反向起动到达反向稳态的时间。

五、自测题

2-1 什么是硬特性？什么是软特性？他励直流电动机机械特性的斜率β与哪些量有关？

2-2 从物理概念上说明，为什么在他励直流电动机固有特性上对应额定转矩T_e时，转速有Δn_e降落？

2-3 他励电动机在起动前没有发现励磁绕组断线的情况下就起动了，在下面两种情况下会有什么后果：（1）空载起动；（2）负载起动，$T_L = T_e$？

2-4 在电动机惯例的前提下，他励直流电动机运行时如果电磁功率$P_{em} = E_a I_a = T_{em}\Omega < 0$，说明电磁作用的结果是使机械功率转换为电功率，那么是否可以认为电动机运行于直流发电机的状态，或者它就是一台发电机？为什么？

2-5 电动机采用恒转矩调速方式与拖动恒转矩负载两者是否一样？

2-6 电动机调速方式与拖动的负载性质为什么要匹配？不匹配有什么问题？

2-7 一台他励直流电动机，$P_e = 17\text{kW}$，$U_e = 110\text{V}$，$I_e = 185\text{A}$，$n_e = 1000\text{r/min}$，$R_a = 0.036\Omega$，已知电动机的最大

允许电流 $I_{max}=1.8I_e$，电动机拖动 $T_L=0.8T_e$ 负载电动运行。试求：（1）若采用能耗制动停车，电枢应串入多大的电阻？（2）制动开始时及制动结束时的电磁转矩各为多大？（3）若负载为位能性恒转矩负载，采用能耗制动使重物以 120r/min 下放，则转子回路需串入多大的电阻？

2－8　一台他励直流电动机，额定数据为：$P_e=55kW$，$U_e=220V$，$I_e=282A$，$R_a=0.045\Omega$，$n_e=1500r/min$。电动机原处于电动状态，带额定负载（反抗性恒转矩负载）以额定转速稳定运行。（1）如果在轴上另加一外力矩 $T_{外}=588N\cdot m$，其方向与 n 相同，试分析电动机运转状态的变化并求稳定运行转速。（2）如将电源电压突然降到 198V，该电动机能否进入再生发电制动状态？如果能，试求最大制动转矩。（3）如负载转矩为位能性，以最大制动转矩 $2T_e$ 进行电压反接制动，试求反接制动电阻。如在转速接近 $-n_0$ 时切除反接制动电阻，试求稳定运行的转速。（4）画出问题（3）的机械特性曲线。

2－9　一台他励直流电动机，额定数据为：$P_e=10kW$，$U_e=220V$，$I_e=54.8A$，$R_a=0.342\Omega$，$n_e=1000r/min$，系统总飞轮矩 $GD^2=9.8N\cdot m^2$。电动机原工作在电动额定状态。采用电源反接，反接制动的起始转矩 $T_{max}=2T_e$。（1）试求电动状态和电源反接制动状态的静态机械特性曲线。（2）试求带位能性恒转矩负载反接制动的动态机械特性曲线及转速从 n_e 降到 0 的时间。（3）试求带反抗性恒转矩负载从制动开始到电动机反转整个过程中，转速及电磁转矩变化的数学方程式，并大致绘出过渡过程曲线。

2-10 某他励电动机的额定数据为：$P_e = 11kW$，$U_e = 440V$，$I_e = 31A$，$n_e = 1480r/min$。试求电磁转矩保持额定转矩不变而用下述方法调节时的转速：（1）R_a 增加20%；（2）U_a 降低20%；（3）Φ 减少20%。

2-11 某他励电动机的额定数据为：$P_e = 10kW$，$U_e = 110V$，$I_e = 114.4A$，$n_e = 600r/min$。负载转矩为 $T_L = 100N \cdot m$，在电枢电路内串联制动电阻，电阻大小为 $R_a + R_{zd} = 2\Omega$。若不考虑 I_{amax} 和 n_{max} 的限制，试求三种不同制动方法下放重物时的转速。

第三章　变 压 器

一、基本要求

本章主要研究变压器的结构和工作原理，重点分析了变压器的运行状态、参数测定方法、运行特性，介绍了变压器的连接组别以及自耦变压器和仪用互感器。

本章要求了解变压器的结构和工作原理；掌握变压器的运行状态分析、变压器的参数测定方法及实验接线；熟练掌握运行特性；掌握变压器的连接组别；了解自耦变压器和仪用互感器的工作特点及使用时的注意事项。

二、内容概述

变压器是利用电磁感应原理和磁势平衡关系实现交流电能转化的电气元件，它将一种电压等级的交流电变换成同频率的另一种电压等级的交流电。变压器空载时，原边的输入电流用于建立励磁磁动势。随着负载的增加（副边所需的功率增加），原边的输入电流除了产生励磁磁动势外，还要为副边输出功率的增加提供能量（原边电流的负载分量）。

主磁通感应的电动势为：

$$\dot{E}_1 = -j4.44fN_1\dot{\Phi}_m$$

$$\dot{E}_2 = -j4.44fN_2\dot{\Phi}_m$$

式中 $\dot{E}_1$——主磁通在原边（又称为一次侧）产生的感应电动势的有效值，V；

$\dot{E}_2$——主磁通在副边（又称为二次侧）产生的感应电动势的有效值，V；

$-j$——$\dot{E}_1$、$\dot{E}_2$ 分别滞后于主磁通 90°；

N_1——原边（一次侧）的匝数；

N_2——副边（二次侧）的匝数；

$\dot{\Phi}_m$——主磁通的幅值（最大值），Wb。

（1）感应电动势 E 与 f（交流电源的频率）、N、Φ_m 成正比；

（2）磁通为正弦波形时，电动势也为正弦波形；

（3）在相位上，电动势滞后于磁通 90°。

负载运行时的基本方程式为：

$$\dot{U}_1 = -\dot{E}_1 + (R_1 + jX_1)\dot{I}_1 = -\dot{E}_1 + Z_1\dot{I}_1$$

$$\dot{U}_2 = \dot{E}_2 - (R_2 + jX_2)\dot{I}_2 = \dot{E}_2 - Z_2\dot{I}_2$$

$$\dot{F}_1 + \dot{F}_2 = \dot{F}_0$$

或

$$N_1\dot{I}_1 + N_2\dot{I}_2 = N_1\dot{I}_0$$

式中 $\dot{U}_1$——原边电压相量，V；

$\dot{U}_2$——副边电压相量，V；

R_1，R_2——分别为原边、副边绕组的电阻值，Ω；

X_1，X_2——分别为原边、副边绕组的漏电抗值，Ω；

$\dot{I}_0$——变压器的空载电流值，A；

$\dot{I}_1$，$\dot{I}_2$——分别为变压器原边、副边的电流值，A；

$\dot{F}_1$，$\dot{F}_2$——分别为变压器原边、副边的磁动势；

$\dot{F}_0$——变压器的空载磁动势。

变压器负载运行时，一次电流 $\dot{I}_1$ 包含两个分量：一个是励磁分量 $\dot{I}_0$，用来建立负载时的主磁通 Φ_0；另一个是负载分量 $\dot{I}_{1L} = -\dot{I}_2/K$ $\left(K\text{ 为变压器的变比，}K = \frac{N_1}{N_2}\text{，所以又称为匝数比}\right)$，用以抵消二次磁动势的作用。

变压器的基本方程式、等效电路及向量图是表示变压器运行状态的各物理量相互关系的三种形式，它们之间有着必然的联系，是相互统一的。定性分析时，向量图非常直观；而定量分析时，通常采用等效电路和基本方程式。

利用变压器的基本方程式和等效电路及空载和短路试验，可以完成变压器的参数测定。

变压器带负载稳定运行时的性能，通过变压器的外特性和效率特性来描述。

变压器的外特性是指电源电压和负载功率因数不变时，二次端电压随负载电流变化的规律，即 $U_2 = f(I_2)$ 曲线。其中，电压变化率的计算式为：

$$\Delta U = [\beta I_{1e}(R_k\cos\varphi_2 + X_k\sin\varphi_2)/U_{1e}] \times 100\%$$

式中　β——变压器的负载系数，$\beta=\frac{I_1}{I_{1e}}=\frac{I_2}{I_{2e}}$；

R_k——变压器的短路电阻，Ω，$R_k=R_1+R_2'$（R_2'为副边绕组电阻的折算值，$R_2'=K^2R_2$）；

X_k——变压器的短路电抗，Ω，$X_k=X_1+X_2'$（X_2'为副边绕组漏电抗的折算值，$X_2'=K^2X_2$）；

φ_2——负载的功率因数角；

U_{1e}——变压器原边的额定电压，V，本式中U_{1e}要求采用原边额定相电压；

I_{1e}——原边额定电流，A，本式中I_{1e}要求采用原边额定相电流。

ΔU求出后，可通过公式$U_2=(1-\Delta U)U_{2e}$来求变压器的二次电压U_2，U_{2e}为变压器副边的额定电压，V。不同性质的负载对输出电压的影响有所不同。

变压器的效率可按下式计算：

$$\eta=\left(1-\frac{p_0+\beta^2p_{ke}}{\beta S_e\cos\varphi_2+p_0+\beta^2p_{ke}}\right)\times100\%$$

式中　p_0——变压器的空载损耗，W；

p_{ke}——变压器的短路电流为额定值时的短路损耗，W；

S_e——变压器的额定视在功率，kV·A，对于单相变压器，$S_e=U_{1e}I_{1e}=U_{2e}I_{2e}$，对于三相变压器，$S_e=\sqrt{3}U_{1e}I_{1e}=\sqrt{3}U_{2e}I_{2e}$。

影响效率的因素如下：

（1）负载的大小（β）及性质（φ_2）；

（2）变压器本身参数（S_e、铁损耗p_0（一般$p_{Fe}=p_0$）和

铜损耗 $\beta^2 p_{ke}$（变压器负载后的铜损耗与短路电流为额定值的短路损耗之间有：$p_{Cu}=\beta^2 p_{ke}$））。当 $p_0=\beta^2 p_{ke}$，即铜损耗等于铁损耗时或最高效率时的负载系数 $\beta_m=\sqrt{\frac{p_0}{p_{ke}}}$时，变压器效率最高。

三相变压器的磁路系统及连接方式，对磁通及电动势波形有很大影响。三相变压器一、二次绕组的连接方式采用连接组别来表示，三相变压器的连接组反映三相变压器两侧对应线电动势（线电压）间的相位关系，通常采用“时钟表示法”表示三相变压器中一、二次绕组间线电压的相位差。由于一、二次绕组主要有星形（Y 形）和三角形（△形）两种连接方式，当一、二次侧连接方式相同时，连接组别为偶数；当连接方式不同时，连接组别为奇数。

自耦变压器的特点是一、二次侧不仅有磁的耦合，而且有电的联系，因此其输出功率由电磁功率（这部分功率与普通的双绕组变压器相同）和传导功率所组成。

电压、电流互感器是一种测量用变压器，分别相当于一台空载运行的变压器和一台短路运行的变压器。

三、重点与难点分析

重点：变压器的参数测定和运行特性。

难点：变压器的运行状态的分析。

四、典型例题分析

【例 3－1】 SJ－1000/35 型三相铜线电力变压器，$S_e=$

1000kV·A，$U_{1e}/U_{2e}=35/0.4$（kV/kV），原、副边都接成星形。在室温25℃时做空载试验和短路试验，试验数据记录如下：空载试验（低压边接电源），$U_0=400V$，$I_0=72.2A$，$p_0=8300W$；短路试验（高压边接电源），$U_k=2270V$，$I_k=16.5A$，$p_k=24000W$。试求：（1）折算到高压边的T形等效电路各参数；（2）额定负载且$\cos\varphi_2=0.8$（滞后）时的电压变化率、副边电压和效率；（3）额定负载且$\cos\varphi_2=1$时的电压变化率、副边电压和效率；（4）额定负载且$\cos\varphi_2=0.8$（超前）时的电压变化率、副边电压和效率；（5）$\cos\varphi_2=0.8$和$\cos\varphi_2=1$时的负载系数β和最高效率。

解 （1）变压器的变比为：

$$K=\frac{U_{1e}/\sqrt{3}}{U_{2e}/\sqrt{3}}=\frac{35/\sqrt{3}}{0.4/\sqrt{3}}=87.5$$（注意：变比为相电压之比）

由于空载试验是在低压边进行的，求得的励磁参数必须折算到变压器的高压边，所以：

$$Z_m=K^2\frac{U_0/\sqrt{3}}{I_0}=87.5^2\times\frac{400/\sqrt{3}}{72.2}=24500\Omega$$（注意：励磁参数为相值）

$$R_m=K^2\frac{p_0/3}{I_0^2}=87.5^2\times\frac{8300/3}{72.2^2}=4060\Omega$$；（注意：损耗为三相的值）

$$X_m=\sqrt{Z_m^2-R_m^2}=\sqrt{24500^2-4060^2}=24200\Omega$$

式中　Z_m——变压器的励磁阻抗，Ω；

R_m——变压器的励磁电阻，Ω；

X_m——变压器的励磁电抗，Ω。

由短路试验可求出短路参数，因为短路试验是在高压边进行的，所以不需要折算。同样要注意的是，短路参数也为相值。

$$Z_k = \frac{U_k/\sqrt{3}}{I_k} = \frac{2270/\sqrt{3}}{16.5} = 79.4\Omega$$

$$R_k = \frac{p_k/3}{I_k^2} = \frac{24000/3}{16.5^2} = 29.4\Omega$$

$$X_k = \sqrt{Z_k^2 - R_k^2} = \sqrt{79.4^2 - 29.4^2} = 73.8\Omega$$

换算到75℃时的各参数为：

$$R_{k75℃} = R_{k\theta}\frac{234.5+75}{234.5+\theta} = 29.4 \times \frac{234.5+75}{234.5+25}$$

$$= 35.1\Omega \text{（}\theta\text{表示室温）}$$

$$Z_{k75℃} = \sqrt{R_{k75℃}^2 + X_k^2} = \sqrt{35.1^2 + 73.8^2} = 81.7\Omega$$

一般近似认为 $R_1 \approx R'_2$，$X_1 \approx X'_2$，所以：

$$R_1 = R'_2 = \frac{R_{k75℃}}{2} = \frac{35.1}{2} = 17.6\Omega$$

$$X_1 = X'_2 = \frac{X_k}{2} = \frac{73.8}{2} = 36.9\Omega$$

（2）因为 $\Delta U = \dfrac{\beta(I_{1e}R_k\cos\varphi_2 + I_{1e}X_k\sin\varphi_2)}{U_{1e}/\sqrt{3}} \times 100\%$

考虑温度的影响，R_k 用换算到75℃时的值。

额定负载时，$\beta=1$，原边额定电流 $I_{1e}=\dfrac{S_e}{\sqrt{3}U_{1e}}=\dfrac{1000}{\sqrt{3}\times35}=$ 16.5A，$\cos\varphi_2=0.8$，则 $\sin\varphi_2=0.6$（感性负载），所以：

$$\Delta U=\frac{16.5\times35.0\times0.8+16.5\times73.99\times0.6}{35\times10^3/\sqrt{3}}\times100\%=5.9\%$$

副边电压为：$U_2=(1-\Delta U)U_{2e}=(1-0.059)\times400=376\text{V}$

因为 $$\eta=\left(1-\frac{p_0+\beta^2p_k}{\beta S_e\cos\varphi_2+p_0+\beta^2p_k}\right)\times100\%$$

考虑到温度的影响，故：

$$p_{ke}=3I_{1e}^2R_{k75℃}=3\times16.5^2\times35.1=28700\text{W}$$

此时的效率为：

$$\eta=\left(1-\frac{8300+28700}{100\times10^3\times0.8+8300+28700}\right)\times100\%=95.6\%$$

（3）因为 $\cos\varphi_2=1$，$\sin\varphi_2=0$，所以：

$$\Delta U=\frac{I_{1e}R_k}{U_{1e}/\sqrt{3}}\times100\%=\frac{16.5\times35.1}{35\times10^3/\sqrt{3}}\times100\%=2.9\%$$

副边电压为：$U_2=(1-\Delta U)U_{2e}=(1-0.029)\times400=388\text{V}$

效率为：$\eta=\left(1-\dfrac{8300+28700}{1000\times10^3+8300+28700}\right)\times100\%=96.4\%$

（4）因为 $\cos\varphi_2=0.8$（超前），$\sin\varphi_2=-0.6$（容性负载），则：

$$\Delta U=\frac{\beta(I_{1e}R_k\cos\varphi_2+I_{1e}X_k\sin\varphi_2)}{U_{1e}/\sqrt{3}}\times100\%$$

$$=\frac{16.5\times 35.1\times 0.8+16.5\times 73.99\times(-0.6)}{35\times 10^{3}/\sqrt{3}}=-1.30\%$$

副边电压为：$U_2=(1-\Delta U)U_{2e}=(1+0.013)\times 400=405\text{V}$

$$\eta=95.6\%\text{（与(2)中数值相同）}$$

（5）最高效率的负载系数为：

$$\beta_m=\sqrt{\frac{p_0}{p_{ke}}}=\sqrt{\frac{8300}{28700}}=0.54$$

故当 $\cos\varphi_2=0.8$ 时，其最高效率为：

$$\eta=\left(1-\frac{2p_0}{\beta_m S_e\cos\varphi_2+2p_0}\right)\times 100\%$$

$$=\left(1-\frac{2\times 8300}{0.54\times 1000\times 10^3\times 0.8+2\times 8300}\right)\times 100\%$$

$$=96.3\%$$

而当 $\cos\varphi_2=1$ 时的最高效率为：

$$\eta=\left(1-\frac{2p_0}{\beta_m S_e\cos\varphi_2+2p_0}\right)\times 100\%$$

$$=\left(1-\frac{2\times 8300}{0.54\times 1000\times 10^3+2\times 8300}\right)\times 100\%=97\%$$

五、自测题

3-1　变压器能否通过直接改变直流电的电压等级来传输直流电能？

3-2　一台变压器，若误把原边接到直流电源上，其电压大小与额定电压相同，电流大小将会怎样？

3-3 变压器铁芯为什么要做成闭合的？如果铁芯回路有间隙，对变压器有什么影响？

3-4 变压器的励磁阻抗与磁路的饱和程度有关系吗？

3-5 变压器负载为纯电阻时，变压器的输入与输出功率是什么性质的？

3-6 变压器负载为电容性负载时，输入的无功功率是否一定为容性、超前性质？

3-7 将变压器的副边参数折算到原边时哪些量要改变？如何改变？哪些量不变？

3-8 变压器做短路试验时，其操作步骤是先短路，后加电压，并且是从零开始加电压的，这是为什么？

3-9 变压器的额定电压变化率是一个固定的数值吗？与哪些因素有关？

3-10 变压器在负载运行时，其效率是否为定值？在什么条件下变压器的效率最高？

3-11 单相变压器的连接组别标号可能有几个？

3-12 如果不依据高、低压绕组线电势$\dot{E}_{AB}$与$\dot{E}_{ab}$的相位关系来确定三相变压器的连接组别标号，而是依据$\dot{E}_{BC}$与$\dot{E}_{bc}$、$\dot{E}_{CA}$与$\dot{E}_{ca}$或$\dot{E}_{BA}$与$\dot{E}_{ba}$的相位关系来确定连接组别标号，结果是一样的吗？

3-13 自耦变压器的额定容量、绕组容量、传导容量各自的定义及相互关系是怎样的？为什么绕组容量小于额定容量？

3-14 电力系统用的自耦变压器的变比K_A通常在什么范围内？为什么？

3－15　自耦变压器的中点为什么要接地？

3－16　电流互感器误差产生的原因是什么？副边电流表接得过多有何弊端？

3－17　电压互感器副边接的电压表过多有何弊端？

3－18　电流互感器与电压互感器为何要接地？

3－19　三相变压器参数为：额定容量 $S_e=7500\text{kV}\cdot\text{A}$，额定电压 $U_{1e}/U_{2e}=10000/400(\text{V/V})$，Y，y0 连接。空载及短路试验数据如表 3－1 所示。

表 3－1　空载及短路试验数据

试验名称	电压/V	电流/A	功率/W	电源位置
空载试验	400	60	3800	低压边
短路试验	440	43.3	10900	高压边

试求：（1）折算到高压侧的变压器参数；（2）满载及 $\cos\varphi_2=0.8$（超前）时的电压调整（变化）率；（3）满载及 $\cos\varphi_2=0.8$（超前）效率最高时的负载系数及最高效率。

3－20　判断图 3－1 所示的变压器的连接组。

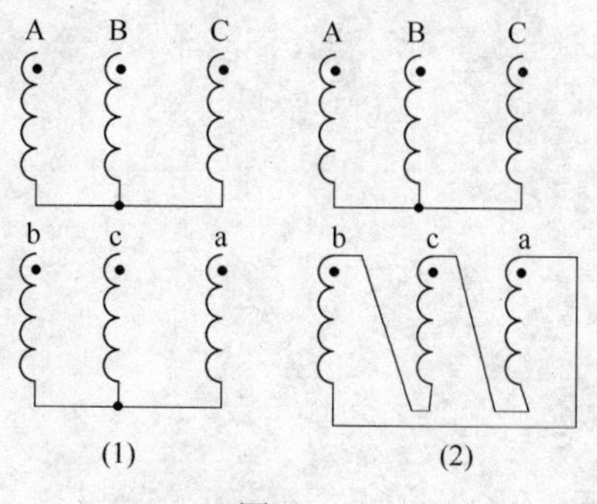

图 3－1

3－21 画出变压器各连接组别的接线图：（1）Y，d7；（2）Y,y4。

3－22 某三相变压器的额定数据为：$S_e = 3450kV \cdot A$，额定电压 $U_{1e}/U_{2e} = 10000/6300$（V/V），Y，d11 连接。每相参数为：$R_1 = 0.16\Omega$，$X_1 = 0.82\Omega$；$R_2 = 0.18\Omega$，$X_2 = 0.88\Omega$。如副边接三相△接纯电阻负载运行，每相负载电阻为 $R_L = 40\Omega$。试求：（1）变压器的负载系数 $\beta = I_1/I_{1e}$；（2）副边电压变化率 ΔU。

第四章　三相异步电动机

一、基本要求

本章介绍了三相异步电动机的绕组、基本工作原理和基本结构，详细讨论并分析了交流电动机的定子磁场建立的物理过程、电磁关系及其感应电动势，重点分析了三相异步电动机的运行状态、参数测定方法和运行特性。

本章要求了解并掌握三相异步电动机的基本工作原理、基本结构；掌握交流电动机的定子磁场电磁关系及其感应电动势；熟练掌握三相绕组合成磁动势的大小及基本性质；掌握三相异步电动机空载运行和负载运行状态的分析及参数测定方法；熟练掌握三相异步电动机功率平衡、转矩平衡和工作特性。

二、内容概述

三相异步电动机的基本结构主要由定子和转子两大部分组成，在定子和转子之间有一个很小的气隙。定子由定子铁芯、定子绕组、机座和端盖组成。定子绕组由三个完全相同、空间互差120°电角度的对称绕组组成，用于产生三相对称的电动势和旋转磁场。三相对称绕组可以接成星形和三角形，是短距、分布绕组。转子由转子铁芯、转子绕组和转轴组成。根据转子形式的不同，异步电动机分为笼型转子和绕线转子两种。

相绕组基波感应电动势的大小为：

$$E_{\varphi1}=4.44fNk_{w1}\Phi_1$$

式中 N——一相绕组串联总匝数，对于单层绕组，$N=\frac{pqN_c}{a}$（p 为磁极对数，$2p$ 为磁极数；q 为每极每相槽数，$q=\frac{Z}{2pm}$；Z 为总槽数，m 为相数；N_c 为线圈的匝数；a 为绕组的并联支路对数，$2a$ 为绕组的并联支路数），对于双层绕组，$N=\frac{2pqN_c}{a}$；

k_{w1}——基波绕组系数，$k_{w1}=k_{y1}\cdot k_{q1}$，其中，$k_{y1}$ 为基波短距系数，k_{q1} 为基波分布系数，基波绕组系数表示交流绕组采用短距和分布后对基波电动势大小的影响，交流绕组采用短距、分布放置能有效地改善感应电动势的波形。

基波短距系数 $k_{y1}=\sin\frac{\gamma}{2}$，而 $\gamma=\frac{y}{\tau}\times180°$（$\gamma$ 为基波短距节距所对应的电角度；y 为线圈两个有效边之间的距离，通常用槽数表示；τ 为极距，指相邻两主磁极的中心线之间的距离，通常用槽数表示），$k_{y1}\leqslant1$。k_{y1} 的物理意义是：线圈短距放置后，其感应电动势比整距时减少了，即相当于把整距线圈的感应电动势打了一个折扣，这个折扣系数就是 k_{y1}。基波分布系数 $k_{q1}=\frac{\sin\frac{q\alpha}{2}}{q\sin\frac{\alpha}{2}}$（$\alpha$ 为基波的槽距角，$\alpha=\frac{p\times360°}{Z}$），显

然 $k_{q1}<1$，即绕组分布放置和绕组集中放置相比，其感应电动势将减少，k_{q1} 表示减少的程度，这是 k_{q1} 的物理意义。

单相绕组基波磁动势是一个空间按余弦规律分布，幅值大小随时间按正弦规律变化的脉动磁动势，其数学表达式为：

$$f_{\varphi1}(x,t)=F_{\varphi m1}\sin\omega t\cos\frac{\pi}{\tau}x$$

式中 $F_{\varphi m1}$——基波磁动势的幅值；

ω——交流电的角频率，$\omega=2\pi f$；

t——时间；

x——绕组空间的任意位置；

$\frac{\pi}{\tau}x$——绕组任意空间位置所对应的电角度。

单相绕组的基波磁动势为正弦脉动磁动势，它可分解为大小相等、转速相同而转向相反的两个旋转磁动势。

三相绕组基波合成磁动势为旋转磁动势。凡是满足两个对称，即对称的三相绕组通入对称的三相正弦电流，产生的三相合成磁动势即为圆形旋转磁动势，其数学表达式为：

$$f_1(x,t)=\frac{3}{2}F_{\varphi m1}\sin\left(\omega t-\frac{\pi}{\tau}x\right)=1.35\frac{N}{p}k_{w1}I$$

式中 I——交流电流的有效值，A。

圆形旋转磁动势的性质为：

（1）旋转磁动势幅值为单相脉动磁动势最大幅值的 $\frac{3}{2}$ 倍；

（2）转速为 $n_1=\frac{60f}{p}$(r/min)；

（3）三相异步电动机旋转磁场的转向由电流相序决定，

总是由电流超前相转向电流滞后相。如果要改变三相异步电动机旋转磁场的转向，只需改变电源的相序即可；

（4）当某相电流达最大值时，则旋转磁动势恰好转到该相绕组的轴线上。

转差率 s 是异步电动机的一个重要物理量，$s=\frac{n_1-n}{n_1}$（n 为转子的转速，r/min；n_1 为旋转磁场的同步转速，r/min，$n_1=\frac{60f}{p}$），它反映了转子转速的快慢或负载的大小。即负载越大，则转速越慢，其转差率就越大；反之，负载越小，则转速越快，其转差率就越小。转差率 s 是个相对值，当 s、n_1 已知时，可算出 $n=(1-s)n_1$。当转子不转（如起动瞬间）时，$n=0$，则 $s=1$；当转子转速接近同步转速时，$n\approx n_1$，则 $s\approx 0$。由于 n 总是略小于 n_1，异步电动机转差率的范围是：$0<s<1$。但在正常运行时，s 仅在 0.01～0.06 之间。

三相异步电动机的基本工作原理是：

（1）电生磁。三相对称绕组通入三相对称正弦交流电流，在电动机气隙中产生圆形旋转磁场。

（2）磁生电。定子产生的旋转磁场切割转子绕组，在转子绕组中感应电动势和电流。

（3）电磁力（矩）。转子载流导体在磁场中受到电磁力的作用，形成电磁转矩，使转子旋转。

从电磁关系上来看，异步电动机和变压器相似，异步电动机的定子绕组相当于变压器的一次绕组，转子绕组相当于变压器的二次绕组，故异步电动机和变压器有相同的方程式和等效电路形式，也可用同样的分析方法来分析异步电动机。

在此，要求在掌握异步电动机和变压器的相同点的同时，还需弄清楚两者之间存在的如下差异：

（1）两者主磁场性质不同。异步电动机主磁场为旋转磁场，而变压器的主磁场为脉动磁场。

（2）变压器空载时，$\dot{E}_2 \neq 0$，$\dot{I}_2 = 0$；而异步电动机空载时，$\dot{E}_2 \approx 0$，$\dot{I}_2 \approx 0$，即实际有较小的值。

（3）由于异步电动机存在气隙，主磁路磁阻大，与变压器相比，建立同样的磁通所需励磁电流大，励磁阻抗小。

（4）由于气隙的存在，加之绕组结构形式的不同，异步电动机的漏磁通较大，其所对应的漏抗也比变压器大。

（5）异步电动机通常采用短距、分布绕组，故计算电动势和磁动势时需考虑绕组系数；而变压器则为整距、集中绕组，绕组系数为1。

（6）转子旋转时转子绕组各电磁量与转差率之间有关系。转子感应电动势及感应电流的频率f_2（因$f_2 = sf_1$，所以又称f_2为转差频率）、转子旋转时的转子电动势值E_{2s}、转子旋转时的转子漏电抗X_{2s}、n与s成正比关系，R_2与s无关，$\dot{I}_2$随s的增大而增大，而转子回路负载时的功率因数$\cos\varphi_2$随s的增大而减小。

（7）异步电动机的磁动势平衡方程、电动势平衡方程与变压器相似，但需注意以下几点：1）无论异步电动机是旋转还是静止，定、转子磁动势总是相对静止的；2）异步电动机的$\dot{U}_2 = 0$；3）异步电动机的电动势变比K_e和电流变比K_i不等，而变压器则相等。

由于三相异步电动机的转子是旋转的，在得出等效电路时首先要进行频率折算，将旋转的转子转化为静止的转子，再进行绕组折算，从而推出三相异步电动机的等效电路。频率折算的结果是，在原转子电阻 R_2 基础上再串入一个附加电阻 $\frac{1-s}{s}R_2$。

$\frac{1-s}{s}R_2$ 的物理意义是：用转子电流在附加电阻 $\frac{1-s}{s}R_2$ 上的功率损耗 $\frac{1-s}{s}R_2I_2^2$ 来等效模拟电动机转轴上的总机械功率，故又称 $\frac{1-s}{s}R_2$ 为总机械功率的等效电阻。

三相异步电动机等效电路的结构与变压器的等效电路相似，若把附加电阻 $\frac{1-s}{s}R_2'$（$R_2' = K_e K_i R_2$）看成异步电动机负载，则其与变压器带纯电阻负载时的 T 形等效电路完全相同。由等效电路可知：

（1）当转子不转（堵转）时，$n=0$，$s=1$，则附加电阻 $\frac{1-s}{s}R_2'=0$，总机械功率为零，此时相当于转子短路运行状态；

（2）当转子以接近于同步转速旋转时，$n \approx n_1$，$s \approx 0$，$\frac{1-s}{s}R_2' \to \infty$，相当于转子开路运行状态；

（3）机械负载变化在等效电路中是由 s 来体现的，等效电路的参数可以由空载和短路试验求得。

等效电路如图 4-1 所示。

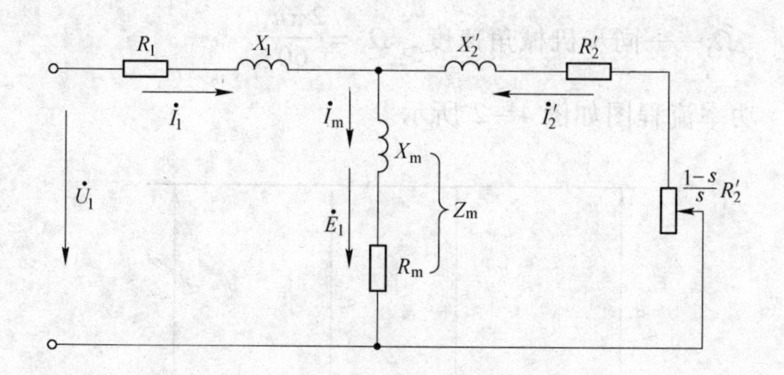

图 4－1 等效电路

R'_2—转子电阻的折算值，Ω；X'_2—转子漏电抗的折算值，Ω；

R_m—励磁电阻，Ω；X_m—励磁电抗，Ω；

$\dot{I}_m$—空载时的励磁电流

三相异步电动机由电网输入电功率 P_1，扣除定子电阻 R_1 上的铜损耗 p_{Cu1} 和励磁电阻 R_m 上的铁损耗 p_{Fe} 后，便得到由定子经空气隙传递到转子侧的电磁功率 P_{em}。从 P_{em} 中减去转子电阻 R'_2 中的铜损耗 p_{Cu2}，即为电动机的总机械功率 P_{mec}。而从总机械功率中扣除机械损耗 p_m 和附加损耗 p_{ad}，就是电动机转轴上输出的机械功率 P_2。

$$p_{Cu2} = sP_{em}, P_{mec} = (1-s)P_{em}$$

异步电动机的转矩平衡关系为：

$$\underbrace{T_{em}}_{\text{驱动转矩}} = \underbrace{T_2 + T_0}_{\text{制动转矩}}$$

$$T_{em} = \frac{P_{mec}}{\Omega} = \frac{P_{em}}{\Omega_1}$$

式中　Ω——机械角速度，$\Omega = \frac{2\pi n}{60}$；

Ω_1——同步机械角速度，$\Omega_1 = \dfrac{2\pi n_1}{60}$。

功率流程图如图 4－2 所示。

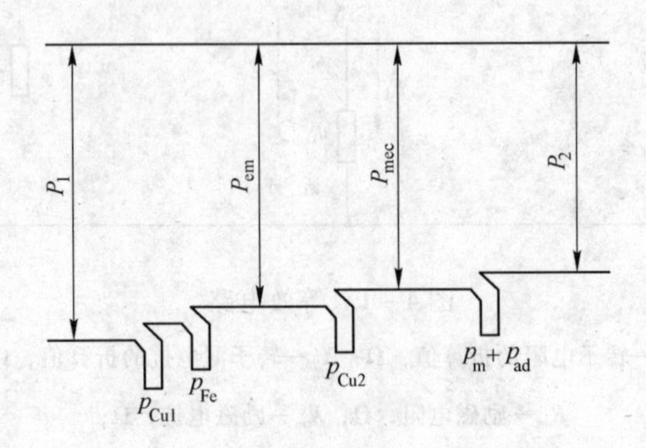

图 4－2 功率流程图

三相异步电动机的工作特性是指在额定电压和频率运行时，电动机转速 n、输出转矩 T_2、定子电流 I_1、功率因数 $\cos\varphi_1$ 和效率 η 与输出功率 P_2 之间的关系。当可变损耗与不变损耗相等时，效率达到最大值（即 $p_{Cu1} + p_{Cu2} + p_{ad} = p_{Fe} + p_m$）。

三、重点与难点分析

重点： 空载和负载运行状态，三相异步电动机运行特性。

难点： 交流电动机的定、转子磁场及其电磁关系和定、转子感应电动势，短距及分布绕组对改善电动势波形的作用。

四、典型例题分析

【例 4－1】 一台 50Hz 的三相电动机，现通以 60Hz 的三相对称交流电流，设电流的有效值不变，试问此时基波磁动势的幅值大小、极对数、转速、转向将如何变化？

解 由于基波磁动势的幅值为 $F_1 = \frac{3}{2} \cdot \frac{4}{\pi} \cdot \frac{\sqrt{2}}{2} \cdot \frac{W_1 k_{w1}}{p} I$，改变磁通（电源）的频率对基波磁势的幅值没有影响。由于绕组连接没有改变，此时的极对数没有改变。旋转磁势的转速与频率成正比，频率由 $f_1 = 50\text{Hz}$ 变为 $f_1 = 60\text{Hz}$，增加 1.2 倍，所以转速 n_1 增加 1.2 倍。由于通电相序不变，旋转磁势转向不改变。

【例 4－2】 一台三相异步电动机，$2p = 6$，总槽数 $Z = 36$，定子双层迭绕组，$y_1 = \frac{5}{6}\tau$，每相串联匝数 $N = 72$ 匝，当通入三相对称电流，每相电流有效值为 20A 时，试求基波三相合成磁动势的幅值和转速。

解 每极每相槽数： $q = \frac{Z}{2pm} = \frac{36}{6 \times 3} = 2$

槽距角： $\alpha = \frac{p \times 360°}{Z} = \frac{3 \times 360°}{36} = 30°$

基波短距系数：$k_{y1} = \sin \frac{y_1}{\tau} 90° = \sin \frac{5}{6} \times 90° = 0.966$

基波分布系数：$k_{q1} = \frac{\sin \frac{q\alpha}{2}}{q \sin \frac{\alpha}{2}} = \frac{\sin \frac{2 \times 30°}{2}}{2 \times \sin \frac{30°}{2}} = 0.966$

基波绕组系数：$k_{w1} = k_{y1} k_{q1} = 0.966 \times 0.966 = 0.933$

三相基波合成磁动势幅值：

$$F_{\varphi m1}=1.35\frac{Nk_{w1}}{p}I=1.35\times\frac{72\times0.933}{3}\times20=604.6\text{A}\cdot\text{匝/极}$$

旋转磁场转速：$n_1=\frac{60f}{p}=\frac{60\times50}{3}=1000\text{r/min}$

【例 4-3】 三相异步电动机 $f=50\text{Hz}$，$U_e=380\text{V}$，$P_e=28\text{kW}$，$n_e=950\text{r/min}$，额定负载时 $\cos\varphi_{1e}=0.88$，定子铜损耗和铁损耗之和为 $p_{Cu1}+p_{Fe}=2.2\text{kW}$，机械损耗 $p_m=1.1\text{kW}$，忽略附加损耗。试求额定负载时：（1）转子电流频率；（2）转子铜损耗和额定电磁功率；（3）效率；（4）定子电流；（5）额定电磁转矩。

解　（1）因为 $n_e=950\text{r/min}$，所以 $n_1=1000\text{r/min}$，$p=3$，故：

$$s_e=\frac{n_1-n_e}{n_1}=\frac{1000-950}{1000}=0.05$$

$$f_2=s_e f_1=0.05\times50=2.5\text{Hz}$$

（2）$P_{mec}=P_2+p_m=28000+1100=29100\text{W}$

$$P_{em}=\frac{P_{mec}}{1-s_e}=\frac{28000+1100}{1-0.05}=30631.6\text{W}$$

$$p_{Cu2}=s_e P_{em}=0.05\times\left(\frac{28000+1100}{1-0.05}\right)=1531.579\text{W}$$

（3）$P_2=P_e=28\text{kW}$

$$\eta=\frac{P_2}{P_1}\times100\%=\frac{28000}{28000+1100+1531.579+2200}\times100\%$$

$$=85.283\%$$

(4) $I_{1e}=\dfrac{P_1}{\sqrt{3}U_e\cos\varphi_{1e}}=\dfrac{32831.579}{\sqrt{3}\times380\times0.88}=56.685\text{A}$

(5) $T_{em}=9.55\dfrac{P_{em}}{n_1}=9.55\times\dfrac{30631.6}{1000}=292.532\text{N}\cdot\text{m}$

或 $T_{em}=9.55\dfrac{P_{mec}}{n}=9.55\times\dfrac{29100}{950}=292.532\text{N}\cdot\text{m}$

注意：如果采用电磁功率计算电磁转矩，分母就应该用同步转速；如果采用总机械功率计算电磁转矩，分母就应该用转子转速。不论采用哪种方法，计算结果都是相同的。

五、自测题

4-1 在绕组连接时，采用什么方法可以削弱谐波电势？

4-2 采用分布绕组能否完全清除相电势中的5次、7次谐波？

4-3 采用短距绕组改善电势波形时，是否有必要考虑削弱3次、9次谐波电势？

4-4 采用短距、分布和三相连接的方法来削弱高次谐波电势，以改善线电势的波形，试问此时每根导体中电势的波形怎样？是否也能得到改善？

4-5 带额定负载运行的三相异步电动机，在运行中断开一相熔丝时会出现哪些现象？异步电动机长期缺相运行的后果是什么？

4-6 单相脉振磁势可以分解为两个旋转的磁势，这里的脉振磁波形是矩形分布的磁势波吗？

4-7 三相对称绕组通入三相对称电流产生的合成磁势

的基波分量有什么特点（幅值、转向、转速和位置）?

4-8　如何改变三相异步电动机的旋转方向?

4-9　三相异步电动机的数据为：$P_e = 100kW$，$n_e = 950r/min$，机械损耗 $p_m = 1000W$，附加损耗 $p_{ad} = 500W$。试求：（1）额定运行时电动机的转差率 s_e；（2）输出功率 P_2；（3）电磁功率 P_{em} 与电磁转矩 T_{em}；（4）转子铜损耗 p_{Cu2}。

4-10　三相异步电动机的额定数据为：$P_e = 28kW$，$U_e = 380V$，$f_e = 50Hz$，$n_e = 950r/min$，$\cos\varphi_{1e} = 0.88$，起动转矩与额定转矩之比 $K_T = 2.0$。已知定子铜损耗及铁损耗共为2.2kW，机械损耗 $p_m = 1.1kW$，忽略附加损耗。试计算额定负载时：（1）转差率 s_e；（2）转子铜损耗 p_{Cu2}；（3）效率 η_e；（4）定子电流 I_{1e}；（5）转子电流频率 f_{2e}。

第五章　三相异步电动机的电力拖动

一、基本要求

本章详细讨论并分析了三相异步电动机的机械特性，介绍了三相绕线和鼠笼异步电动机的起动方法，详细讨论并分析了三相异步电动机的制动方法、调速方法和调速特性。

本章要求掌握三相异步电动机的机械特性；熟悉三相异步电动机的起动方法、三相异步电动机的各种调速方法和适用场合；熟练掌握并能分析三相异步电动机的各运行状态。

二、内容概述

三相异步电动机的机械特性表达式有以下三种：

（1）物理表达式：$T_{em} = C_T \cdot \Phi_m \cdot I'_2 \cdot \cos\varphi_2$

式中　C_T——折算到定子边的感应电动机的转矩常数；

Φ_m——基波磁场的每极磁通；

I'_2——转子电流的折算值；

$\cos\varphi_2$——转子回路的功率因数。

该式说明感应电动机的电磁转矩与气隙每极磁通和转子电流有功分量的乘积成正比。

$$C_T = \frac{pm_1 N_1 k_{w1}}{\sqrt{2}}$$

$$\cos\varphi_2 = \frac{R'_2}{\sqrt{(R'_2)^2 + (sX'_2)^2}}$$

$$I'_2 = \frac{E_{2s}}{\sqrt{(R'_2)^2 + (sX'_2)^2}} = \frac{sE'_2}{\sqrt{(R'_2)^2 + (sX'_2)^2}}$$

式中 R'_2——转子电阻的折算值，Ω；

X'_2——转子不转时转子漏电抗的折算值，Ω；

E'_2——转子不转时转子感应电动势的折算值，V。

当 $0 < s < s_m$（s_m 为临界转差率，与最大转矩 T_m 相对应）时，气隙主磁通 Φ_m 变化不大。由于 s 较小，转子回路的 $R_2 >> X_{2s}$，X_{2s} 的影响可以忽略。转子电流 $I'_2 = \frac{E_{2s}}{\sqrt{(R'_2)^2 + (sX'_2)^2}} = \frac{sE'_2}{\sqrt{(R'_2)^2 + (sX'_2)^2}}$，由于转子电势 E_{2s} 随 s 的增加而增加，I_2 也随 s 的增加而增加。同样，由于 s 较小，转子回路的功率因数 $\cos\varphi_2 = \frac{R'_2}{\sqrt{(R'_2)^2 + (sX'_2)^2}}$ 变化不大，始终接近于 1。综合考虑上述因素的影响，所以 T_{em} 也随 s 的增大而增大。

而当 $s_m < s < 1$ 时，由于 s 较大，气隙主磁通 Φ_m 要随 s 的增加而有所减小。转子回路 X_{2s} 要随 s 的增加而增加，甚至会超过 R_2，出现 $R_2 << X_{2s}$，这时 R_2 的影响可以忽略。由于 s 较大，$\cos\varphi_2 = \frac{R'_2}{\sqrt{(R'_2)^2 + (sX'_2)^2}}$ 的值要变小。而由于电势 E_{2s} 及漏抗 X_{2s} 都随 s 的增大而增大，转子电流 I_2 虽然增加，但增加不多。综合考虑上述因素的影响，所以 T_{em} 随 s 的增大反而减小。

（2）参数表达式：$T_{em}=\dfrac{p\cdot m_1\cdot U_1^2\cdot\dfrac{R'_2}{s}}{2\pi f_1\left[\left(R_1+\dfrac{R'_2}{s}\right)^2+(X_1+X'_2)^2\right]}$

其最大电磁转矩 T_m 及其对应的临界转差率 s_m 为：

$$T_m=\pm\frac{p\cdot m_1\cdot U_1^2}{4\pi f_1[\pm R_1+\sqrt{R_1^2+(X_1+X'_2)^2}]}$$

$$s_m=\pm\frac{R'_2}{\sqrt{R_1^2+(X_1+X'_2)^2}}$$

1）当电源频率 f_1 及电动机其他参数不变时，$T_m\propto U_1^2$，而 s_m 与 U_1 无关；

2）当 U_1、f_1 及其他参数不变时，$s_m\propto R'_2$，而 T_m 与 R'_2 无关；

3）当 U_1、f_1 及其他参数不变时，T_m、s_m 都近似与 $X_1+X'_2$ 成反比；

4）令 $s=1$，可得起动转矩的参数表达式为：

$$T_Q=\frac{p\cdot m_1\cdot U_1^2\cdot R'_2}{2\pi f_1\cdot[(R_1+R'_2)^2+(X_1+X'_2)^2]}$$

可见，$T_Q\propto U_1^2$，电源电压变化，起动转矩也随之发生变化。

（3）实用表达式：$T_{em}=\dfrac{2T_m}{\dfrac{s}{s_m}+\dfrac{s_m}{s}}$

式中 $$T_m=\lambda_m\cdot T_e$$

$s_m=s_e\cdot(\lambda_m+\sqrt{\lambda_m^2-1})$（$\lambda_m$ 称为过载能力或过载倍数）

式中，额定转矩及额定转差率为：

$$T_e = 9550 \times \frac{P_e}{n_e}$$

$$s_e = \frac{n_1 - n_e}{n_1}$$

三相异步电动机机械特性包括固有机械特性与人为机械特性。

降低定子端电压时的人为特性的特点如下：

（1）同步转速 n_1 不变，即不同 U_1' 对应的人为特性都通过固有特性的理想空载点；

（2）降压后，最大转矩 T_m' 随 U_1^2 成比例下降，而 s_m 与固有特性时一样，起动转矩 T_Q' 也随 U_1^2 成比例下降。

降低定子端电压，电动机电流将大于额定值，电动机如长时间连续运行，最终温升将超过允许值，导致电动机寿命缩短甚至烧坏。

转子回路串入对称三相电阻时的人为特性的特点如下：

（1）n_1 不变，所以串入不同 R_Ω 时的人为特性都通过固有特性的理想空载点。

（2）$s_m' > s_m$，且随 R_Ω 的增加而增加，但 T_m 不变。

（3）当 $s_m' < 1$ 时，起动转矩 T_Q 随 R_Ω 的增加而增加；当 $s_m' = 1$ 时，起动转矩 $T_Q = T_m$，达到最大；当 $s_m' > 1$ 时，起动转矩 T_Q 随 R_Ω 的增加而减小。

转子电路串联对称电阻适用于绕线转子异步电动机的起动，也可用于调速。

三相异步电动机的起动方法有直接起动和降压起动。三相异步电动机直接起动存在的问题是起动电流大，但起动转矩小。虽然直接起动的电流 $I_Q \approx (4 \sim 7) I_e$ 很大，但直接起动的转矩 $T_Q = C_T \cdot \Phi_m \cdot I'_2 \cdot \cos\varphi_2$。由于起动时 $\cos\varphi_2$ 很小，而且过大的起动电流使得 $I_Q Z_1$ 电压降变大，从而使 Φ_m 降低，所以起动转矩 T_Q 小。降压起动可以降低起动电流 I_Q，但同时使起动转矩 T_Q 下降，只能用于轻载或空载起动。当满足 $K_I = \frac{I_Q}{I_{1e}} \leqslant \frac{1}{4}\left(3 + \frac{电源总容量(kV \cdot A)}{起动电动机容量(kV \cdot A)}\right)$，电动机可以直接起动。不满足这个条件时，采用降压起动。

绕线式感应电动机的起动方法有转子回路串 R_Ω 起动和转子回路串频敏变阻器起动。串入 R_Ω 可限制起动电流 I_Q，起动转矩 T'_Q 可随 R'_Ω 自动调节，还可缩短起动时间且减少起动过程中的能量损失。转子回路串 R_Ω 起动时，电动机开始转动，随着电动机转速的增加，均匀地减小电阻，直到将电阻完全切除。待转速稳定后，将集电环短接，同时举起电刷。转子回路串频敏变阻器起动时，随着转速的上升，转子频率不断下降，频敏变阻器铁芯的涡流损耗及频敏变阻器值跟着下降，使电动机起动平滑。

三相异步电动机的制动方法有反接制动（倒拉反接、电源反接）、回馈制动和能耗制动。

（1）反接制动。

1）倒拉反接制动。倒拉反接制动相当于他励直流电动机的电势反向反接制动，适于将位能性负载低速匀速下放，对应第四象限。具体方法是：仅在转子回路串入足够大的对称

三相电阻 R_Ω，不仅使 $s'_m \geqslant 1$，而且使对应的人为特性与负载转矩 T_L 交于第四象限。

2）电源反接制动。电源反接制动相当于他励直流电动机的电压反向反接制动，适于使反抗性负载快速停机，对应第二象限。具体方法是：将定子任意两相对调一下，同步转速反转，运动点从电动状态的第一象限突跳至电源反接后的机械特性的第二象限，并沿该特性快速停机。

定子两相反接且转子回路串入对称电阻的人为特性为：

$$T_{em} = -\frac{2T_m}{\frac{s_-}{s'_m} + \frac{s'_m}{s_-}}$$

$$s'_m = \left(1 + \frac{R_\Omega}{R_2}\right)s_m$$

注意：制动开始瞬间的转差率为 $s_- = 2 - s_+$。当定子两相对调反接制动停车时，必须及时切断电源，否则系统有可能反向起动，进入第三象限的反向电动状态。

3）反接制动的特点。电动机实际转向与同步转速转向方向相反，所以转差率 $s > 1$，$P_{em} + |P_{mec}| = p_{Cu2}$，即电动机一方面从电网吸收电功率，另一方面又从轴上（负载）输入机械功率，全部消耗于转子回路的 $R_2 + R_\Omega$ 上的铜损耗。

（2）回馈制动。

1）回馈制动的方法。

① 转向反向的回馈制动。此法相当于他励直流电动机的电压反向反接制动，适于将位能性负载以较高速匀速（$n > n_1$）下放。具体方法是：将定子任意两相对调，使位能性负

载最后稳定运行于第四象限。为了使下放转速不太高，通常将 R_Ω 切除。

② 转向不变的回馈制动。此情况发生于电车下坡加速或变极、变频时的降速过程中，对应第二象限。

2）回馈制动的特点。电动机实际转向与同步转速方向一致，且 $|n| > |n_1|$，所以 $s<0$。电动机一方面从轴上输入机械功率，转换成电功率后返回电网，即电动机处于再生发电状态；但是另一方面，电动机又得从电网输入滞后的无功功率以建立磁场，才能实现从机械能到电能的转换。如果异步电动机定子脱离电网，又希望它能发电，则必须在异步电动机定子三相之间接上连接成三角形或者星形的三组电容器。这时电容器组可供给异步电动机发电所需要的无功功率，即供给建立磁场所需要的励磁电流。

电容器接成三角形时：$C_\triangle = \dfrac{1}{\sqrt{3}} \times \dfrac{I_0 \times 10^6}{2\pi f_1 U_e}$

电容器接成星形时：$C_Y = \dfrac{\sqrt{3} I_0 \times 10^6}{2\pi f_1 U_e}$

其中 $I_0 = 0.3 I_{1e}$（I_0 为空载电流）

（3）能耗制动。

1）能耗制动的方法。能耗制动时将定子绕组脱离电网，并经适当改接后通入直流电流 I_c，以在气隙中建立一个恒定磁场，靠惯性旋转的转子切割该磁场来产生感应电流，与恒定磁场作用后产生制动性质的电磁转矩，使反抗性负载准确停机（$n=0$ 时，$T=0$，不会反向起动），也可使位能性负载匀速下放。

2）等效交流电。上述能耗制动的物理过程，可以等效于定子通入对称三相电流 I_1 的三相感应电动机的堵转状态来描述，只要能够做到由 $\dot{I}_1$ 建立的磁动势 F_1 与由 I_c 建立的 $F_=$ 大小相等、F_1 的转速 n_1' 与能耗制动电动机实际转速 n 相等而方向相反即可。根据能耗制动时定子绕组的接法及 $F_1=F_=$，可以推导出不同接法时 I_1 与 I_c 的关系。

3）机械特性方程。假设磁路不饱和，令 $\nu=\dfrac{n}{n_1}$，则能耗制动机械特性方程表达式为：

最大转矩：
$$T_{mT}=\pm\frac{m_1}{\Omega_1}\cdot\frac{(I_1X_m)^2}{2(X_m+X_2')}$$

$$\nu_m=\pm\frac{R_2'}{(X_m+X_2')}$$

实用表达式：
$$T_{em}=-\frac{2T_{mT}}{\dfrac{\nu}{\nu_m}+\dfrac{\nu_m}{\nu}}$$

式中 ν_m——能耗制动时的临界转差率，与能耗制动时的最大转矩相对应；

ν——能耗制动时的转差率，$\nu=\dfrac{n}{n_1}$。

由参数式可知，当 $\dot{I}_1$ 一定（即 I_c 一定）而在转子回路串入电阻 R_Ω 时，T_{mT}不变，而 $\nu_m\propto R_2'$，所以有：

$$\frac{\nu_m'}{\nu_m}=\frac{R_2'+R_\Omega'}{R_2'}=1+\frac{R_\Omega}{R_2}$$

绕线电动机采用能耗制动实现准确停车时，可以根据最大制动转矩为（1.25～2.2）T_e 的要求，采用以下公式计算定子励磁电流 I_c 和转子所串电阻 R_{zd} 值：

$$I_c = (2 \sim 3) I_0$$

$$R_{zd} = (0.2 \sim 0.4) \frac{E_{2e}}{\sqrt{3} I_{2e}} - R_2$$

三相异步电动机的调速方法有变极（p）调速、变频（f_1）调速、调压调速和绕线式感应电动机转子回路串电阻调速。

（1）变极调速。

1）变极调速的原理。定子每相绕组由两个完全对称的“半相绕组”所组成，只要将每相任何一个“半相绕组”电流反向，就可以将极对数增加一倍（两个半相绕组顺串）或减少一半（两个半相绕组反并）。因为笼型感应电动机的转子极对数能自动跟随定子极对数的改变而改变且始终保持两者相等，所以变极调速仅用于笼型感应电动机。

2）两种常用的变极方案。当从Y变为双Y或从△变为双Y时，极数减半；反之，极数增加一倍。这两种方案中三相只需6个引出端点，接线简单，控制方便，故常被采用。为了保证变极前后电动机转向不变，必须在变极的同时调换外施电源的相序。Y⇌双Y变极调速近似于恒转矩调速方式，而△⇌双Y变极调速则近似于恒功率调速。

3）变极调速的评价。变极调速是有级调速，而且只能是有限的几档速度，适于对调速要求不高的场合。变极调速简单可靠、成本低、效率高、机械特性硬，既可适于恒转矩调速，也可适于恒功率调速。

（2）变频调速。

1）变频调速时频率与端电压的关系。为使变频调速时电动机的主磁通 Φ_m 保持不变（即保持过载能力不变），应使端电压随频率成正比变化，即使$\frac{U'_1}{U_1}=\frac{f'_1}{f_1}=$常数（恒转矩负载）或$\frac{U'_1}{\sqrt{f'_1}}=\frac{U_1}{\sqrt{f_1}}=$常数（恒功率负载）。

2）变频调速时的机械特性。

① 当 $f_1<f_e$，但 f_1 仍较高时（R_1 的影响可以忽略），可以保持 $\frac{U'_1}{f'_1}=\frac{U_1}{f_1}=$常数或$\frac{U'_1}{\sqrt{f'_1}}=\frac{U_1}{\sqrt{f_1}}=$常数。保持 $\frac{U'_1}{f'_1}=\frac{U_1}{f_1}=$ 常数时，T_m 不变且对应转速降 Δn_m 也不变，机械特性平行，为恒转矩调速方式。保持$\frac{U'_1}{\sqrt{f'_1}}=\frac{U_1}{\sqrt{f_1}}=$常数时，为恒功率调速方式。

当 f'_1 很低时，R_1 不能忽略。尽管保持$\frac{U'_1}{f'_1}=\frac{U_1}{f_1}=$常数，但 T'_m 将变小，为此，通常在低速时适当提高 U'_1，以使 T'_m 不会下降太多。

② 当 $f'_1>f_e$ 时，通常是保持 $U'_1=U_{1e}$不变，则 Φ_m 随 f'_1 的升高而变小，对应的T'_m及T'_Q都变小，相当于弱磁调速，属于恒功率调速方式。

3）变频调速的评价。变频调速属于无级调速，效率高，机械特性硬，调速范围广，且可满足不同负载特性的要求；但必须提供独立的调频调压电源，而且感应电动机本身一般也要专门设计，成本较高。

（3）调压调速。降低定子端电压的调速系统结构简单、控制方便、成本低，调压装置可兼作软起动设备，利用速度反馈可以得到较硬特性，调压调速与变极调速的配合可获得较好的调速性能。调压调速应用于通风机负载是很合适的。为了扩大调速范围，增大起动转矩，限制低速时的定、转子电流，调压调速必须采用高滑差电动机或在绕线式转子回路中串电阻。低速时，转子回路的转差功率 $s \cdot P_{em}$ 大、效率低且发热严重。

（4）绕线式感应电动机转子回路串电阻调速。转子回路串电阻调速时，若保持调速前后的电流为 I_{2e} 不变，则有：$\frac{R_2 + R_\Omega}{s} = \frac{R_2}{s_e}$，$\cos\varphi_2 = \cos\varphi_e$，$P_{em} = P_{eme}$；反之亦然。但是 $P_{mec} = (1-s)P_{em}$ 随转速的下降而减小。转子回路串电阻调速简单方便、投资少，调速电阻 R_Ω 还可兼作起动与制动电阻使用，在起重机械拖动系统中得到应用。转子回路串电阻调速时为有级调速，特性软，静差变大，调速范围小；低速时 p_{Cu2} 大，效率低，转子损耗功率增高，发热大，故经济性不高。

三、重点与难点分析

重点： 三相异步电动机的机械特性、制动方法和调速特性。

难点： 三相异步电动机的制动和调速特性。

四、典型例题分析

【例 5-1】 一台 JRO_2-62-4 绕线转子异步电动机的主要数据如下：$P_e = 30kW$，$U_{1e} = 380V$，$I_{1e} = 59.5A$，$U_{2e} =$

395V，$I_{2e}=46A$，$\lambda_m=2.65$，$n_e=1460r/min$。电动机从额定转速的电动状态采用电源反接制动，要求开始的制动转矩为 $T_z=1.2T_e$，则转子每相应串多大电阻？

解 (1) 方法一。先求 R_2：

$$R_2=\frac{s_eU_{2e}}{\sqrt{3}I_{2e}}=\frac{0.027\times395}{\sqrt{3}\times47}=0.131\Omega$$

式中 $$s_e=\frac{n_1-n_e}{n_1}=\frac{1500-1460}{1500}=0.027$$

然后分别求出自然特性的 s_m 与转子串电阻后的 s'_m：

$$s_m=s_e\left(\lambda_m+\sqrt{\lambda_m^2-1}\right)=0.027\times\left(2.75+\sqrt{2.75^2-1}\right)=0.143$$

$$s'_m=s_c\left[\frac{T_m}{T_z}\pm\sqrt{\left(\frac{T_{max}}{T_z}\right)^2-1}\right]=s_c\left[\frac{\lambda_mT_e}{1.2T_e}\pm\sqrt{\left(\frac{\lambda_mT_e}{1.2T_e}\right)^2-1}\right]$$

$$=1.97\times\left[\frac{2.75}{1.2}\pm\sqrt{\left(\frac{2.75}{1.2}\right)^2-1}\right]=8.57\text{或}0.456$$

式中，电源反接制动开始点的转差率

$$s_c=\frac{-n_1-n_e}{-n_1}=\frac{-1500-1460}{-1500}=1.97$$

再求转子应串电阻 R_{zd}。取 $s'_m=8.57$ 时，应串电阻值为：

$$R_{zd1}=\left(\frac{s'_m}{s_m}-1\right)R_2=\left(\frac{8.57}{0.143}-1\right)\times0.131=7.72\Omega$$

取 $s'_m=0.456$ 时，应串电阻值为：

$$R_{zd2}=\left(\frac{s'_m}{s_m}-1\right)R_2=\left(\frac{0.456}{0.143}-1\right)\times0.131=0.287\Omega$$

转子串电阻 R_{zd1} 或 R_{zd2} 都可满足开始制动转矩 $T_z = 1.2T_e$ 的要求，但它们分别对应于两条不同的人工机械特性曲线。

（2）方法二。因为异步电动机机械特性曲线从 $s = 0$ 到 $s = s_m$ 这一段近似为直线，故可采用近似公式计算 R_{zd}：

$$R_{zd} = \left(\frac{s_c T_e}{s_e T_z} - 1\right) R_2 = \left(\frac{1.97T_e}{0.027 \times 1.2T_e} - 1\right) \times 0.131 = 7.79\Omega$$

计算结果与方法一中的 R_{zd1} 很接近。因此在进行异步电动机的计算时，电动机的机械特性曲线可以采用直线近似代替曲线，可以减少计算的工作量，而所产生的误差在工程允许的范围内。

【例 5－2】 一台 8 极绕线异步电动机的额定数据为：$P_e = 50\text{kW}$，$U_e = 380\text{V}$，过载能力 $\lambda_m = 2.0$，额定负载时的转差率 $s_e = 0.025$，转子每相电阻 $R_2 = 0.028\Omega$。（1）写出转矩的实用公式，试求转子的额定转速 n_e、最大转矩 T_{em} 及其对应的转差率 s_m；（2）试求额定负载时转子回路每相串入 0.1Ω 电阻的稳定转速。

解 （1）由 $s_e = \dfrac{n_1 - n_e}{n_1} = \dfrac{750 - n_e}{750} = 0.025$

得：

$$n_e = 731.25\text{r/min}$$

$$s_m = s_e(\lambda_m + \sqrt{\lambda_m^2 - 1}) = 0.025 \times (2.0 + \sqrt{2.0^2 - 1}) = 0.093$$

$$T_e = 9550\frac{P_e}{n_e} = 9550 \times \frac{50}{731.25} = 652.991\text{N} \cdot \text{m}$$

$$T_{em} = 2T_e = 1305.982\text{N} \cdot \text{m}$$

（2）转子每相串入 $R_2 = 0.028\Omega$ 后，求出人工机械特性的参数。由

$$\frac{s'_m}{s_m} = \frac{R_2 + R_{zd}}{R_2} = \frac{0.028 + 0.1}{0.028} = 4.571$$

得：$s'_m = 4.571 \times s_m = 0.425$

代入 $$T_e = \frac{2T_{em}}{\frac{s'_m}{s_2} + \frac{s_2}{s'_m}} = \frac{2 \times 1305.982}{\frac{0.425}{s_2} + \frac{s_2}{0.425}} = 652.99\text{N} \cdot \text{m}$$

得：$s_2 = 0.114$ 或 1.568（舍去）

$$n = n_1(1 - s_2) = 664.5\text{r/min}$$

从上面两个例题可以总结出异步电动机稳定运行各种状态的计算步骤大体是：

（1）画出机械特性曲线。这一步的特性如果较简单，可不画出，但要心中有数。这一过程可以帮助判断计算的正确性。

（2）计算固有（自然）机械特性的相关参数，如 s_e、s_m、T_e 等。

（3）根据题意，确定人工机械特性曲线方程式，找出该人工机械特性和固有（自然）机械特性的关系，再利用机械特性的实用公式解答。这一步是解题的关键，应注意的是：电源反接制动开始时的转差率为 $s_- = 2 - s_+$，电势反接制动开始时的转差率为 $s_- = s_+$。可能用到的相关公式有：

$$s'_{m} = \left(1 + \frac{R_{zd}}{R_2}\right)s_m,$$

$$R_{zd} = \left(\frac{s'_m}{s_m} - 1\right)R_2$$

五、自测题

5 - 1　是不是三相异步电动机拖动的负载越重，则起动电流越大?

5 - 2　三相异步电动机采用 Y - △换接起动，是否适用于重载起动?

5 - 3　三相异步电动机在变频调速时，对于不同类型的负载，电压与频率的变化关系是什么?

5 - 4　三相绕线异步电动机有哪几种起动方法?

5 - 5　绕线异步电动机的额定数据为：$P_e = 5\text{kW}$，$n_e = 960\text{r/min}$，$U_{1e} = 380\text{V}$，$I_{1e} = 14.9\text{A}$，$E_{2e} = 164\text{V}$，$I_{2e} = 20.6\text{A}$，过载倍数 $\lambda_m = 2.3$，定子绕组 Y 接，拖动 $T_L = 0.75T_e$ 的位能性恒转矩负载（机械特性采用直线形式）。（1）在提升状态时进行电源反接制动，若制动开始瞬间转矩为 $-1.8T_e$，试求转子每相应串入的电阻值。（2）若保持问题（1）中的电阻值不变，试求稳态运行的转速。（3）若要以 280r/min 下放重物而不改变电源的相序，试问转子每相应串入多大的电阻?（4）若要以 600r/min 下放重物，试问可以采取哪两种方法?画出相应的机械特性曲线。

5 - 6　绕线异步电动机的额定数据为：$P_e = 50\text{kW}$，$n_e = 580\text{r/min}$，$I_{1e} = 117\text{A}$，$\cos\varphi_e = 0.84$，$E_{2e} = 214\text{V}$，$I_{2e} = 146\text{A}$，

$\lambda_m = 2.3$，定子绕组 Y 接，拖动 $T_L = T_e$ 的负载（从问题（2）开始，机械特性要求采用直线形式）。（1）绘出固有机械特性曲线，要求计算出 T_Q、T_m、s_m、s_e。（2）在额定状态下运行，欲使其转速降为 300r/min，采用转子串电阻方法，试计算转子每相应串入的电阻值。（3）在固有特性上额定运行时，为快速停车采用电源反接制动，为使制动开始时的最大制动为 $1.8T_e$，试求转子绕组每相应串入的电阻值。（4）绘出上述各问的机械特性曲线。

第六章　同步电动机

一、基本要求

本章主要介绍同步电动机的基本工作原理与结构、电枢反应、起动、有功功角特性、无功功率调节及 V 形曲线等内容。

本章要求掌握同步电动机的基本工作原理；了解同步电动机电枢反应；熟悉同步电动机的电动势方程式、相量图及有功功角特性；掌握同步电动机的无功功率调节及 V 形曲线。

二、内容概述

同步电动机的基本工作原理为：同步电动机的转子转速 n 与定子电源频率之间有严格不变的关系：$n = n_1 = 60f_1/p$，即转子转速 n 与气隙磁场转速 n_1 始终同步。沿转向，当气隙磁动势在空间滞后于转子励磁磁动势一个相位角 θ（θ 称为功角）时，为发电机状态，T 为制动转矩；当气隙磁动势在空间超前于转子励磁磁动势一个相位角 θ 时，为电动机状态，T 为驱动转矩；当 $\theta = 0$ 时，轴上输入的机械功率只用于抵消电动机的空载损耗，为电动机的空载运行。

同步电动机负载时，定子三相电流建立的电枢磁场 $\dot{F}_a$ 与和转子同步的励磁磁场 $\dot{F}_{f1}$ 的相互影响，称为同步电动机的电枢反应。气隙磁场中总的磁动势 $\dot{F}_\delta = \dot{F}_{f1} + \dot{F}_a$。

励磁磁动势 $\dot{F}_{f1}$ 是由励磁绕组中通入直流电流产生的，因为转子由原动机带动到同步转速，故该磁动势为一旋转磁动势，转速为同步转速，磁动势的大小恒定不变，磁动势的位置将取决于转子的位置。

三相电枢电流产生的电枢磁动势 $\dot{F}_a$（基波）也为旋转磁动势，转速也为同步速 n_1，转向与电流相序（或转子转向）一致，幅值大小也恒定不变，位置由下列方法确定：哪相电流达到最大值，电枢磁动势的幅值就恰好转到哪相绕组的轴线上。

同步电抗是表征电枢旋转磁场和电枢漏磁场对电枢一相电路作用的一个综合参数。它的大小将直接影响发电机端电压随负载波动的幅度、稳态短路电流的大小及其在电网运行的稳定性。

凸极电动机的同步电抗分成交轴同步电抗 X_q 和直轴同步电抗 X_d，其定义式为：

$$\begin{aligned} X_q &= X_1 + X_{aq} \\ X_d &= X_1 + X_{ad} \end{aligned} \quad (\text{其中 } X_d > X_q)$$

式中 X_1——定子一相漏电抗；

X_{aq}——交轴电枢反应电抗；

X_{ad}——直轴电枢反应电抗。

对于隐极电动机，由于 $X_{ad} = X_{aq}$，则有 $X_d = X_q = X_t$（X_t 为隐极同步电动机的同步电抗）。

同步电动机的电动势平衡方程式为：

凸极电动机 $\dot{U} = -\dot{E}_0 + R_a\dot{I} + jX_d\dot{I}_d + jX_q\dot{I}_q$

隐极电动机 $\dot{U} = -\dot{E}_0 + R_a\dot{I} + jX_t\dot{I}$

式中 $\dot{U}$——电源输入到定子的相电压；

$\dot{E}_0$——定子绕组每相感应的电动势；

R_a——定子绕组一相的电阻；

$\dot{I}$——定子输入电流；

$\dot{I}_d$——定子输入电流的直轴分量；

$\dot{I}_q$——定子输入电流的交轴分量。

电磁功率为：

凸极电动机 $P_{em} = m\dfrac{E_0U}{X_d}\sin\theta + \dfrac{U^2}{2}\left(\dfrac{1}{X_q} - \dfrac{1}{X_d}\right)\sin2\theta$

隐极电动机 $P_{em} = m\dfrac{E_0U}{X_t}\sin\theta$

式中 m——定子绕组相数。

功率平衡为： $P_1 = p_{Cu1} + P_{em}$

$P_{em} = P_2 + p_m + p_{ad} + p_{Fe}$

电磁转矩为：

凸极电动机 $T_{em} = m\dfrac{E_0U}{\Omega_1X_d}\sin\theta + \dfrac{U^2}{2\Omega_1}\left(\dfrac{1}{X_q} - \dfrac{1}{X_d}\right)\sin2\theta$

隐极电动机 $T_{em} = m\dfrac{E_0U}{X_t\Omega_1}\sin\theta$

同步电动机的 V 形曲线和功率因数调整时应保持：

$$P_{em} = \frac{mUE_0}{X_t}\sin\theta = 常数$$

即需保持： $E_0\sin\theta = 常数$

$$I\cos\varphi = 常数$$

式中 $\cos\varphi$——定子的功率因数。

三种励磁状态如下：

（1）正常励磁状态。此时 $\dot{I}$ 与 $\dot{U}$ 同相，$\cos\varphi = 1$。电动机从电源输入有功功率 P，输入的无功功率 $Q = 0$。

（2）过励磁运行状态。此时 $\dot{I}$ 超前 $\dot{U}$，$E_0 > U$。电动机从电源输入有功功率 P，输入容性无功功率 Q（输出感性无功功率 Q）。

（3）欠励磁运行状态。此时 $\dot{I}$ 滞后 $\dot{U}$，$E_0 < U$。电动机从电源输入有功功率 P，输入感性无功功率 Q（输出容性无功功率 Q）。

结论：同步电动机最可贵的优点是，调节转子上输入的直流励磁电流即可改变它的无功输出。当同步电动机工作在过励磁状态时，对电网来说，相当于容性负载，因此可以改善整个电网的功率因数。

三、重点与难点分析

重点：同步电动机的有功功角特性、无功功率调节及V形曲线。

难点：同步电动机的电枢反应。

四、典型例题分析

【例6－1】 三相凸极同步电动机定子绕组Y接，已知：$U_e = 6000\text{V}$，$I_e = 57.8\text{A}$，$f_e = 50\text{Hz}$，$n_e = 300\text{r/min}$，$P_e = 40\text{kW}$，转子电阻 $R_2 = 0.013\Omega$，$\cos\varphi = 0.8$（滞后），直轴同

步电抗 $X_d = 64.2\Omega$，交轴同步电抗 $X_q = 40.8\Omega$，额定励磁电势 $E_0 = 6377\text{V}$，功角 $\theta = 21.13°$，不计定子电阻。试求额定电磁功率 P_{em}和电磁转矩 T_{em}。

解 $$P_{em} = m\frac{E_0U}{X_d}\sin\theta + \frac{U^2}{2}\left(\frac{1}{X_q} - \frac{1}{X_d}\right)\sin2\theta$$

$$= 3 \times \frac{6377 \times 6000/\sqrt{3}}{64.2} \times \sin21.13° + \frac{(6000/\sqrt{3})^2}{2} \times$$

$$\left(\frac{1}{40.8} - \frac{1}{64.2}\right) \times \sin(2 \times 21.13°)$$

$$= 408.164\text{kW}$$

$$T_{em} = m\frac{E_0U}{\Omega_1 X_d}\sin\theta + \frac{U^2}{2\Omega_1}\left(\frac{1}{X_q} - \frac{1}{X_d}\right)\sin2\theta = 12992.14\text{N} \cdot \text{m}$$

五、自测题

6-1 从广义上来讲，同步电动机的转速与电网的频率之间（　　）严格不变的关系。

6-2 汽轮发电机多采用（　　）结构，水轮发电机多采用（　　）结构。

6-3 一台同步发电机的转速为3000r/min，该电动机的极数为（　　）。

6-4 同步电抗是一个（　　）参数，它等于（　　）。

6-5 直轴同步电抗与交轴同步电抗（　　）。

6-6 功角 θ 既是（　　）的变量，又是（　　）的变量。

6－7 同步电动机不能（　　）起动。

6－8 同步调相机实际上是一台（　　）的同步电动机，一般在（　　）状态下运行。

6－9 隐极式同步电动机的电磁功率 P_{em} 的最大值出现在功角 θ（　　）的位置。

6－10 凸极式同步电动机的电磁功率 P_{em} 的最大值出现在功角 θ（　　）的位置。

6－11 同步电动机的转速与什么量有关？是否可以任意调节它的转速大小？

6－12 凸极式和隐极式同步电动机的气隙有何不同？

6－13 一台空载运行的凸极式同步电动机，当突然失去励磁电流时，这台电动机的转速是否会降低？

6－14 要想让同步电动机的功率因数 $\cos\varphi$ 变为领先性，应如何调节？

自测题参考答案

第一章　直流电动机

1-1 他励、并励、串励、复励。

1-2 输出的电功率。

1-3 交流。

1-4 相等。

1-5 2。

1-6 正比。

1-7 增加20%。

1-8 正比。

1-9 不能。

1-10 在电枢回路中串电阻、降压，1.8~2.5倍。

1-11 不变，曲线斜率。

1-12 变小，曲线斜率。

1-13 变大，曲线斜率。

1-14 下降，不变。

1-15 励磁回路。

1-16 （1）×；（2）√；（3）×；（4）×；（5）×；（6）×；（7）√。

1-17 直流电动机铭牌上的额定功率是指输出功率。对发电机是指输出的电功率，而对电动机是指轴上输出的机械功率。

1－18 根据公式 $E_a = C_e \Phi n$ 看出，要想改变直流电动机的转向，可以从改变电枢电势 E_a 的方向和改变气隙每极磁通 Φ 的方向着手。因为上式中，若 E_a 为正，Φ 为负，则 n 必为负；若 Φ 为正，E_a 为负，则 n 也必为负；若 E_a、Φ 同时为正或为负，则 n 的方向不变。

在改变他励直流电动机的转向时，可以通过改变励磁电流的方向以改变气隙每极磁通 Φ 的方向；或者保持励磁电流的方向不变，改变加在电枢两端的电压 U 的方向，因为改变 U 的方向就等于改变电枢电势 E_a 的方向（$U = E_a + I_a R_a$）。

在改变并励直流电动机的转向时，也是采用上述两种办法。具体的作法为：把励磁绕组两端的接线对调，或者把电枢绕组两端的接线对调即可。

1－19 他励直流电动机的转速特性 $n = f(I_a)$ 是一条下垂的特性曲线，由于电枢回路电阻压降 $I_a R_a$ 的影响，使负载电流增大时转速 n 下降。

1－20 直流电动机电枢回路中，电阻 R_a 很小。当电动机全压起动时，起动电流 $I_Q = U/R_a$，可达到额定电流的10～20倍，这就会造成电动机损坏。

1－21 直流电动机在稳态运行时，主磁通相对于励磁绕组是静止的，所以在励磁绕组中不会感应电势。由于电枢在旋转，主磁通与电枢绕组之间有相对运动，所以会在电枢绕组中感应电势。这里所指的电枢绕组中感应电势，实际是指电枢中各导体感应电势。至于正、负电刷间感应电势，即电枢电势，也就是支路电势，还要看正、负电刷放在换向器表面上的什么位置。若位置放得合适，电枢电势可达最大值；若位置放得不合适，在相同的情况下，电枢电势可以为零。

1－22 对单叠绕组来说，是把位于同一个磁极下的各元件串联起来组成一个支路，因此并联的总支路数等于主磁极数。

对单波绕组来说，是把同极性下的各元件组成一个支路。由于电动机的主磁极的极性只有两种，即 N 极和 S 极，所以并联支路数应有两条。

1－23（1）$P_1 = U_e I_e = 220 \times 80 = 17600\text{W}$

$$P_e = P_1 \eta_e = 17600 \times 0.85 = 14960\text{W}$$

（2）$\sum p = P_1 - P_e = 2640\text{W}$

$$p_{\text{Cua}} = I_a^2 R_a = 80^2 \times 0.1 = 640\text{W}$$

$$p_{\text{Cuf}} = I_f^2 R_f = \frac{U_f^2}{R_f} = \frac{220^2}{88.8} = 545.05\text{W}$$

$$p_{\text{ad}} = 0.01 \times P_e = 149.6\text{W}$$

$$p_m + p_{\text{Fe}} = \sum p - p_{\text{Cu}} - p_{\text{ad}} = 1850\text{W}$$

（3）$T_{2e} = 9550 \dfrac{P_e(\text{kW})}{n_e(\text{r/min})} = 9550 \times \dfrac{14.960}{1000} = 142.87\text{N} \cdot \text{m}$

（4）$T_0 = 9.55 \dfrac{p_0}{n} = 9.55 \dfrac{p_m + p_{\text{Fe}} + p_{\text{ad}}}{n} = 19.1\text{N} \cdot \text{m}$

$$T_{\text{eme}} = T_0 + T_{2e} = 161.97\text{N} \cdot \text{m}$$

（5）$n_0 = \dfrac{U_e}{C_e \Phi_e} = \dfrac{220}{0.212} = 1037.7\text{r/min}$

$$C_e \Phi_e = \frac{U_e - I_a R_a}{n_e} = \frac{220 - 80 \times 0.1}{1000} = 0.212\text{V} \cdot \text{min/r}$$

（6） $n=\frac{U_e}{C_e\Phi_e}-\frac{R_a+R_{zd}}{C_e\Phi_e}I_a=1037.7-\frac{0.1+0.2}{0.212}\times80=924.5\text{r/min}$

第二章　直流电动机的电力拖动

2－1 已知他励直流电动机机械特性的斜率β为：

$$\beta=\frac{R_a+R_{zd}}{C_eC_T\Phi^2}$$

可见，斜率β与电枢回路的电阻R_a+R_{zd}成正比，与气隙每极磁通量的平方成反比。

当机械特性的斜率β值较小时，特性较平，称为硬特性。当β值较大时，特性较斜，称为软特性。但是，硬、软特性之间没有严格的定义。

2－2 从$T_{em}=C_T\Phi I_a$可知，当气隙每极磁通量为额定值Φ_e时，要产生额定电磁转矩T_e，必须要有额定的电枢电流I_{ae}。再从公式$U_e=E_{ae}+I_{ae}R_a$看出，$I_{ae}R_a$压降等于U_e-E_{ae}。U_N对应的转速为n_0，E_{ae}对应的转速是n_e。即电磁转矩从零增到T_{eme}，电枢电流从零增到I_{ae}，电动机的转速从n_0下降到n_e，变化了Δn_e。

2－3（1）空载起动。当最初起动电流$I_{st}\leqslant I_{amax}$时，起动转矩T_s比空载转矩T_0大很多，因此虽然电动机可以起动，但起动过程结束后的稳态转速则非常高，因为稳定运行时要满足$E_a\approx U_e$，$E_a=C_e\Phi n$，Φ很小，n就很高，机械强度不允许，会损坏电动机。

（2）负载起动，$T_L=T_e$。当$I_a\leqslant I_{amax}$时，电磁转矩比负载转矩T_L小，电动机不起动。这样，如果采用降压起动时，电源电压继续上升，电枢电流继续增大，电磁转矩 T_{em} 继续增大，从起动转矩来讲，会达到大于 $1.1T_e$；但是由于 Φ 很小，必定使电枢电流远远超过了 I_{amax}，电动机换不了相，同时也会发热，从而损坏了电动机。当然，如果是电枢串电阻起动，结果也相同。

2－4 他励直流电动机运行时 $P_{em}<0$，说明 T_{em} 与 n 两者方向相反，因此电动机运行于制动状态。制动运行状态包括回馈制动运行、能耗制动运行、反接制动过程及倒拉反转等制动状态，而直流发电机仅仅是回馈制动运行这一种。因此，仅从 $P_{em}<0$ 认为电动机就是一台发电机的看法是错误的。判断他励直流电动机运行于发电机状态还必须增加一个条件，即运行于回馈制动状态的条件是：（1）$P_{em}<0$；（2）$P_1=UI_a<0$，就是指机械功率转变成电功率后还必须会送给电源。

2－5 两者不一样。采用恒转矩调速方式是指在调速过程中，电动机负载能力或允许输出转矩是恒定的，例如，他励直流电动机降低电源电压调速和电枢串电阻调速都属于恒转矩调速方式的调速方法。拖动恒转矩负载则是指电动机实际负载的性质是恒转矩的。

2－6 调速方式与负载性质匹配时，可以按照负载实际大小选择一台合适功率的电动机，在整个调速过程中，电枢电流的大小始终等于或接近于额定电流，充分地发挥了电动机的作用。如果两者不匹配，则做不到这一点。例如恒功率负载，转速高时负载转矩小，转速低时负载转矩大。如果选择恒转矩的调速方式拖动恒功率负载，为了不致使电动机过载运行，只能保证低速运行时，电动机额定转矩与负载转矩相等，电枢电流等于额定电流；而高速运行时，在固有机械特性上运行的速度为可能的最高转速，负载转矩变小，则电动机电磁转矩随之变小，电枢电流也比额定电流小了，电动机没有得到充分利用。换句话说，恒功率负载选择恒转矩调速方式时，电动机的额定功率必然比负载功率要大得多，出现了大马拉小车的情况，显然不经济。如果负载是恒转矩的，而调速方式是恒功率的，情况与上述相似，只能按高速运行时选择合适额定功率的电动机；而在固有机械特性上运行时的转速为最低转速，在低速时造成电动机额定功率的浪费，即电动机额定功率必然比负载实际功率大得多，也不经济。

2-7 (1) $C_e\Phi_e = \frac{U_e - I_a R_a}{n_e} = \frac{110 - 185 \times 0.036}{1000} = 0.1033\text{V} \cdot \text{min/r}$

$$C_T\Phi_e = 9.55 C_e\Phi_e = 0.987\text{N} \cdot \text{m/A}$$

$$T_e = C_T\Phi_e I_e = 0.987 \times 185 = 182.6\text{N} \cdot \text{m}$$

$$n' = n_0 - \frac{R_a}{C_e C_T \Phi_e^2} T_{em}$$

$$= \frac{110}{0.1033} - \frac{0.036}{0.1033 \times 0.987} \times 0.8 \times 182.6$$

$$= 1013.65\text{r/min}$$

$$1013.65\text{r/min} = -\frac{R_a + R_{zd}}{C_e C_T \Phi_e^2} T_{em}$$

$$= -\frac{0.036 + R_{zd}}{0.1033 \times 0.987} \times (-1.8 \times 182.6)$$

$$R_{zd} = 0.281\Omega$$

(2) 制动开始时的电磁转矩：$T_{emB} = -1.8T_e = -326.34\text{N} \cdot \text{m}$

制动结束时的电磁转矩：$T_{emO} = 0\text{N} \cdot \text{m}$

（3） $n = -120\text{r/min} = -\dfrac{R_a + R_{zd}}{C_e C_T \Phi_e^2} T_{em}$

$$= -\frac{0.036 + R_{zd}}{0.1033 \times 0.987} \times (-1.8 \times 182.6)$$

$$R_{zd} = 0.048\Omega$$

2-8 （1） $C_e\Phi_e = \dfrac{U_e - I_e R_a}{n_e} = \dfrac{220 - 282 \times 0.045}{1500}$

$$= 0.1382\text{V} \cdot \text{min/r}$$

$$n_0 = \frac{U_e}{C_e\Phi_e} = \frac{220}{0.1382} = 1591.9\text{r/min}$$

$$C_T\Phi_e = 9.55 C_e\Phi_e = 1.3198\text{N} \cdot \text{m/A}$$

$$T_e = 9550\frac{P_e(\text{kW})}{n_e(\text{r/min})} = 9550 \times \frac{55}{1500} = 350.17\text{N} \cdot \text{m}$$

$$n = \frac{U_e}{C_e\Phi_e} - \frac{R_a}{C_e\Phi_e} I_a = n_0 - \frac{R_a}{C_e C_T \Phi_e^2} T_{em}$$

$$= n_0 + \frac{R_a}{C_e C_T \Phi_e^2}（T_{外} - T_e）$$

$$= 1591.9 + \frac{0.045}{0.1382 \times 1.3198} \times 237.83$$

$$= 1650.58\text{r/min}$$

电动机将进入正向回馈制动状态（机械特性在第二象限）。

（2） 此时 $n_0' = \dfrac{U'}{C_e\Phi_e} = \dfrac{198}{0.1382} = 1432.71\text{r/min}$，由于 $n_0' = 1432.71 > n$，电动机能进入回馈制动状态。

$$n = 1500\text{r/min} = n_0' - \frac{R_a}{C_e C_T \Phi_e^2} T_{em} = 1432.71 - \frac{0.045}{0.1382 \times 1.3198} T_{emB}$$

$T_{emB} = -272.74\text{N} \cdot \text{m}$

(3) $n = -\dfrac{U_e}{C_e\Phi_e} - \dfrac{R_a + R_{zd}}{C_e C_T \Phi_e^2} T_{em}$

$= -1591.9 - \dfrac{0.045 + R_{zd}}{0.1382 \times 1.3198} \times (-2 \times 350.17)$

$= 1500\text{r/min}$

$R_{zd} = 0.76\Omega$

$n = -\dfrac{U_e}{C_e\Phi_e} - \dfrac{R_a + R_{zd}}{C_e C_T \Phi_e^2} T_{em}$

$= -1591.9 - \dfrac{0.045}{0.1382 \times 1.3198} \times 350.17 = -1678.3\text{r/min}$

(4)

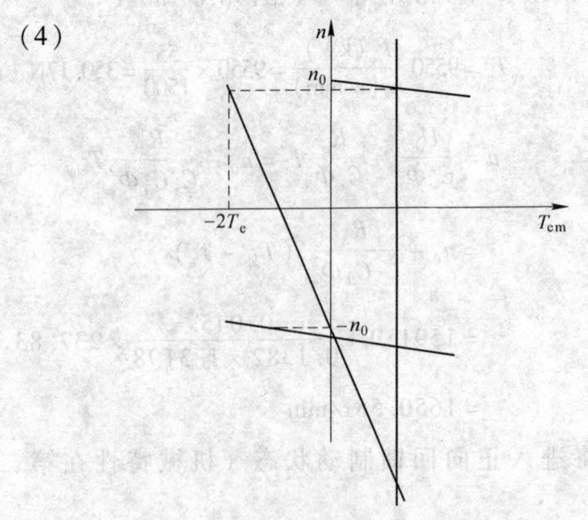

题图 1

2-9 (1) $C_e\Phi_e = \dfrac{U_e - I_a R_a}{n_e} = \dfrac{220 - 54.8 \times 0.342}{1000} = 0.201\text{V} \cdot \text{min/r}$

$C_T\Phi_e = 9.55 C_e \Phi_e = 1.92\text{N} \cdot \text{m/A}$

$$T_{\mathrm{e}} = C_{\mathrm{T}}\Phi_{\mathrm{e}}I_{\mathrm{e}} = 1.92 \times 54.8 = 105.216\mathrm{N \cdot m}$$

电动状态的静态机械特性方程为：

$$n = n_0 - \frac{R_{\mathrm{a}}}{C_{\mathrm{e}}C_{\mathrm{T}}\Phi_{\mathrm{e}}^2}T_{\mathrm{em}} = \frac{220}{0.201} - \frac{0.342}{0.201 \times 1.92}T_{\mathrm{em}} = 1093 - 0.886T_{\mathrm{em}}$$

反接制动时电枢回路所串电阻为：

$$n = -\frac{U_{\mathrm{e}}}{C_{\mathrm{e}}\Phi_{\mathrm{e}}} - \frac{R_{\mathrm{a}} + R_{\mathrm{zd}}}{C_{\mathrm{e}}C_{\mathrm{T}}\Phi_{\mathrm{e}}^2}T_{\mathrm{em}}$$

$$= -1093 - \frac{0.342 + R_{\mathrm{zd}}}{0.201 \times 1.92} \times (-2 \times 105.216) = 1000\mathrm{r/min}$$

$$R_{\mathrm{zd}} = 3.496\Omega$$

电源反接制动状态的静态机械特性方程为：

$$n = -n_0 - \frac{R_{\mathrm{a}}}{C_{\mathrm{e}}C_{\mathrm{T}}\Phi_{\mathrm{e}}^2}T_{\mathrm{em}} = -\frac{220}{0.201} - \frac{0.342 + 3.496}{0.201 \times 1.92}T_{\mathrm{em}}$$

$$= -1093 - 9.919T_{\mathrm{em}}$$

（2）带位能性恒转矩负载反接制动的动态机械特性方程如下。

制动开始瞬间的参数为：$n_{\mathrm{Q}} = n_{\mathrm{e}} = 1000\mathrm{r/min}$

$$T_{\mathrm{Q}} = -T_{\max} = -2T_{\mathrm{e}} = -210.443\mathrm{N \cdot m}$$

转速的稳定值为：

$$n_{\mathrm{z}} = -n_0 - \frac{R_{\mathrm{a}}}{C_{\mathrm{e}}C_{\mathrm{T}}\Phi_{\mathrm{e}}^2}T_{\mathrm{em}} = -\frac{220}{0.201} - \frac{0.342 + 3.496}{0.201 \times 1.92}T_{\mathrm{L}}$$

$$= -1093 - 9.919 \times 105.216 = -2136.638\mathrm{r/min}$$

转矩的稳定值为： $T_z = T_e$

转速的结束值为： $n_x = 0$

转矩的结束值为：

$$n = -n_0 - \frac{R_a}{C_e C_T \Phi_e^2} T_{em} = -\frac{220}{0.201} - \frac{0.342 + 3.496}{0.201 \times 1.92} T_x = 0$$

$T_x = -110.191\text{N} \cdot \text{m}$

系统的机电时间常数为：

$$T_M = \frac{GD^2(R_a + R_{zd})}{375 C_e C_T \Phi_e^2} = \frac{9.8}{375} \times \frac{0.342 + 3.496}{0.201 \times 1.92} = 0.259\text{s}$$

从 n_e 降到 0 这一段制动的转速动态机械特性方程为：

$$n = n_z + (n_Q - n_z)e^{-\frac{t}{T_M}} = -2136.638(1 - e^{-\frac{t}{0.259}}) + 1000e^{-\frac{t}{0.259}}$$

制动到 $n_x = 0$ 的时间为：

$$t_x = T_M \ln\frac{n_Q - n_z}{n_x - n_z} = 0.259 \times \ln\frac{1000 + 2136.638}{0 + 2136.638} = 0.099\text{s}$$

（3）摩擦性负载从电源反接制动开始到 $n_x = 0$ 的这段制动过程，因为负载转矩的大小和方向与位能性负载时的情况相同，所以这一段的动态机械特性曲线相同。但制动到 $n_x = 0$ 后，电动机开始反向起动，进入反向电动状态，这时的动态机械特性曲线与位能性负载的不同。

$n > 0$ 时：

$$n = n_z + (n_Q - n_z)e^{-\frac{t}{T_M}} = -2136.638(1 - e^{-\frac{t}{0.259}}) + 1000e^{-\frac{t}{0.259}}$$

$$T = T_z + (T_Q - T_z)e^{-\frac{t}{T_M}} = 105.216(1 - e^{-\frac{t}{0.259}}) - 210.443e^{-\frac{t}{0.259}}$$

$n<0$ 这一段动态机械特性如下。

转速的开始值为：$n_Q=0$

转矩的开始值为：$T_Q=-110.191\text{N}\cdot\text{m}$

转速的稳态值为：

$$n_z=-n_0-\frac{R_a}{C_eC_T\Phi_e^2}T_{em}=-\frac{220}{0.201}-\frac{0.342+3.496}{0.201\times1.92}(-T_L)$$

$$=-1093-9.919\times(-105.216)=-49.362\text{r/min}$$

转速的结束值为：$n_x=0.98n_z$

转矩的结束值为：$T_x=T_L=T_e$

系统的机电时间常数为：

$$T_M=\frac{GD^2(R_a+R_{zd})}{375C_eC_T\Phi_e^2}=\frac{9.8}{375}\times\frac{0.342+3.496}{0.201\times1.92}=0.259\text{s}$$

反向电动状态的动态机械特性方程式为：

$$n=n_z+(n_Q-n_z)e^{-\frac{t}{T_M}}=-49.362(1-e^{-\frac{t}{0.259}})$$

$$T=T_z+(T_Q-T_z)e^{-\frac{t}{T_M}}=-105.216(1-e^{-\frac{t}{0.259}})-110.191e^{-\frac{t}{0.259}}$$

系统反向起动的时间为：

$$t_x=T_M\ln\frac{n_Q-n_z}{n_x-n_z}\approx4T_M=1.036\text{s}$$

2－10 $T_e=\frac{60}{2\pi}\cdot\frac{P_e}{n_e}=\frac{60}{2\times3.14}\times\frac{11\times10^3}{1480}=71\text{N}\cdot\text{m}$

忽略 T_0，则：

$$E=\frac{P_e}{I_{ae}}=\frac{11\times10^3}{31}=354.84\text{V}$$

$$C_e\Phi_e=\frac{E}{n_e}=\frac{354.84}{1480}=0.24\text{V}\cdot\text{min/r}$$

$$C_T\Phi_e = \frac{60}{2\pi}C_e\Phi_e = \frac{60}{2\times 3.14}\times 0.24 = 2.29\text{N}\cdot\text{m/A}$$

$$R_a = \frac{U_a - E}{I_{ae}} = \frac{440 - 354.84}{31} = 2.747\Omega$$

（1）R_a 增加 20% 时：

$$n = \frac{U_a}{C_e\Phi_e} - \frac{R_a}{C_eC_T\Phi_e^2}T_e = \frac{440}{0.24} - \frac{1.2\times 2.747}{0.24\times 2.29}\times 71 = 1407\text{r/min}$$

（2）U_a 降低 20% 时：

$$n = \frac{U_a}{C_e\Phi_e} - \frac{R_a}{C_eC_T\Phi_e^2}T_e = \frac{0.8\times 440}{0.24} - \frac{2.747}{0.24\times 2.29}\times 71 = 1112\text{r/min}$$

（3）Φ 减少 20% 时：

$$n = \frac{U_a}{C_e\Phi_e} - \frac{R_a}{C_eC_T\Phi_e^2}T_e = \frac{440}{0.8\times 0.24} - \frac{2.747}{0.8^2\times 0.24\times 2.29}\times 71$$

$$= 1737\text{r/min}$$

2-11 忽略 T_0，则：

$$E = \frac{P_e}{I_{ae}} = \frac{10\times 10^3}{114.4} = 87.41\text{V}$$

$$C_e\Phi_e = \frac{E}{n_e} = \frac{87.41}{600} = 0.146\text{V}\cdot\text{min/r}$$

$$C_T\Phi_e = \frac{60}{2\pi}C_e\Phi_e = \frac{60}{2\times 3.14}\times 0.146 = 1.392\text{N}\cdot\text{m/A}$$

（1）能耗制动：

$$n = -\frac{R_a + R_{zd}}{C_eC_T\Phi_e^2}T_L = -\frac{2}{0.146\times 1.391}\times 100 = -984\text{r/min}$$

（2）倒拉反转制动：

$$n = \frac{U_a}{C_e\Phi_e} - \frac{R_a + R_{zd}}{C_eC_T\Phi_e^2}T_L = \frac{110}{0.146} - \frac{2}{0.146\times 1.391}\times 100 = -231\text{r/min}$$

（3）回馈制动：

$$n = -\frac{U_a}{C_e\Phi_e} - \frac{R_a + R_{zd}}{C_e C_T \Phi_e^2}T_L = -\frac{110}{0.146} - \frac{2}{0.146 \times 1.391} \times 100$$

$$= -1738\text{r/min}$$

第三章 变 压 器

3－1 不能。因为只有变化的磁通才能在线圈中感应出电势。如果在变压器原边绕组加直流电压，那么在绕组中产生大小一定的直流电源，建立直流磁势，在变压器铁芯中产生恒定不变的磁通。这时，在副边绕组中不会产生感应电势，输出电压为零，输出功率也为零。

3－2 一台变压器，若误把交流电压接成了直流电压，不需考虑带负载与否，变压器原边电流 I_1 就非常大，可使变压器过热烧毁。其原因是原边接直流电源后，铁芯中只有恒定磁通，这样一来：（1）原绕组不产生感应电势，励磁电抗与原边漏电抗均为零；（2）磁通不交变，铁芯中没有铁损耗，励磁电阻为零。因此，所加直流电压全部在 R_1 上，原边电流（直流）为：$I_1 = \frac{U_1}{R_1}$，而 R_1 是很小的，I_1 很大，比交流时的额定电流要大得非常多。

3－3 从磁路欧姆定律可知，若磁路中磁通大小一定时，则磁动势与磁阻成正比。在变压器中，电压是额定的，铁芯中的主磁通的大小是一定的，磁阻小，所需的磁动势就小，即变压器的励磁电流就小。而闭合铁芯构成的磁路比磁路中有间隙的磁阻小得多，因此用闭合铁芯做磁路时励磁电流小、功率因数高、变压器的性能好。

3－4　变压器的励磁阻抗与磁路的饱和程度有关系。因为其中的励磁电抗 X_m 是一个与主磁通中 Φ_m 相应的电抗，其数值随 Φ_m 大小的不同（即铁芯中的饱和程度不同）而改变，磁路饱和程度增加，则磁导率 μ 下降，磁阻 R_m 增大，X_m 则减小。

3－5　变压器负载为纯电阻时，变压器的输入功率主要是有功功率及数量不大的无功功率，而变压器的输出功率为纯有功功率。

3－6　不一定是容性、超前性质的。因为变压器本身还需要滞后性的感性无功功率建立磁场，如果负载的容性、超前性质无功功率较大时，输入的无功功率是容性、超前性质的；如果负载的领先性无功功率与变压器本身落后性无功功率相等或小时，变压器输入的无功功率为零或为感性、滞后性无功功率。

3－7　副边参数包括电势、电压、电流及阻抗都要改变。折算前后改变的各量之间的换算关系都与变比 K 有关，电势、电压乘以变比 K，电流除以变比 K，阻抗乘以变比的平方（即 K^2）。各量的相位、阻抗角、功率关系不变。

3－8　变压器做短路试验时，输入阻抗为 $Z_k = Z_1 + Z'_2$，数值较小，要使电流达到额定值，只需要加较低的电压即可，所加电压为短路电压 U_k，短路电压 U_k 仅为额定电压的百分之几。因此，其操作步骤应该是先短路，而后从零开始升高电压，使电流达到额定值，这样可以保证不会产生过大电流而使变压器烧毁。如若不是这样操作，往往会因为电压稍大、短路电流过大而使变压器损坏。

3－9　额定电压变化率是指 $\beta = 1$ 时的电压变化率，它不是一个固定的数值，与负载的性质有关。

3－10　变压器负载性质不同，效率不同，其效率不是定值。当不变损耗与可变损耗相等时，变压器的效率最高。

3－11　两个：I，i0；I，i6。

3－12　结果是一样的。因为只要是高、低压边相应的电势（包括线电势及相电势）相差的相位都一样，所得连接组别标号也就一样。

3－13　自耦变压器的额定容量是指输入容量或输出容量，对单相自耦变压器来讲，为输入电压与输入电流的乘积或输出电压与输出电流的乘积。而绕组容量是指绕组 Aa 或绕组 ax 的电压与电流的乘积，比变压器额定容量小，关系为：

$$S_{Aa} = S_{ax} = S_e\left(1 - \frac{1}{K_A}\right)$$

变压器额定容量与绕组容量之差为传导容量，即：

$$S_e = S_{Aa} + S_{传导} = S_{ax} + S_{传导}$$

绕组容量比变压器额定容量小的原因是：变压器运行时原、副边有电路直接连接，有一部分容量（即传导容量）直接从原边传到副边，没经过原、副绕组的电磁感应作用传递。

3－14　电力系统的自耦变压器的变比通常为 $K_A = 1.5 \sim 2$。因为只有变比越接近于 1，绕组容量才比变压器容量小得越多，优越性越明显。

3－15　因为自耦变压器高、低压边电路上有直接连接，如果电网出现过电压、变压器内部绝缘损坏等故障情况，若不可靠接地，副边设备及操作人员都会有危险。自耦变压器的保护措施要比普通双绕组变压器复杂。

3－16　误差产生的原因是励磁电流不能小到等于零，如果 $I_0=0$，则 $I_1=\frac{N_2}{N_1}I_2$，$I_1=K_I I_2$，就没有误差了。副边电流表接得过多，由于电流表是串联，则 I_2 变小，I_1 为被测电流不变，I_0 则较大，误差较大，精度等级会降低。

3－17　电压互感器副边接的电压边过多时，原、副边电流会加大，原、副边绕组漏阻抗都加大，增加互感器的误差，降低了精度。

3－18　因为电流互感器与电压互感器都是测量电网上的电流与电压，它们电压等级高、电流大，如果出现故障，高压会窜入低压边，将危及设备及人员的安全。为此，互感器需接地，可起保护作用。

3－19　（1）$K=\frac{U_1}{U_2}=\frac{10000/\sqrt{3}}{400/\sqrt{3}}=25$

$$Z_k=\frac{U_k/\sqrt{3}}{I_k}=\frac{440/\sqrt{3}}{43.3}=5.87\Omega$$

$$R_k=\frac{p_k/3}{I_k^2}=\frac{10900/3}{43.3^2}=1.94\Omega$$

$$X_k=\sqrt{Z_k^2-R_k^2}=5.54\Omega$$

$$Z_m=K^2\frac{U_0/\sqrt{3}}{I_0}=25^2\times\frac{400/\sqrt{3}}{60}=2405.63\Omega$$

$$R_m=K^2\frac{p_0/3}{I_0^2}=25^2\times\frac{3800/3}{60^2}=219.91\Omega$$

$$X_m=\sqrt{Z_m^2-R_m^2}=2395.56\Omega$$

（2） $\Delta U = \dfrac{\beta I_{1e}(R_k\cos\varphi_2 + X_k\sin\varphi_2)}{U_{1e}} \times 100\%$

由于 $\cos\varphi_2 = 0.8$（超前），则 $\sin\varphi_2 = -0.6$，故：

$$\Delta U = \frac{1\times 43.3\times(1.94\times 0.8 - 5.54\times 0.6)}{10000/\sqrt{3}}\times 100\% = -1.33\%$$

$$U_2 = U_{2e}(1-\Delta U) = 400\times(1+1.33\%) = 405.32\text{V}$$

（3） η_{max}时：

$$\beta_m = \sqrt{\frac{p_0}{p_{ke}}} = \sqrt{\frac{3800}{10900}} = 0.59$$

$$\eta_{max} = 1 - \frac{2p_0}{\beta_m S_e\cos\varphi_2 + 2p_0} = 1 - \frac{7600}{0.59\times 750\times 10^3\times 0.8 + 7600}$$

$$= 97.9\%$$

3－20　（1） Y，y8；（2） Y，d7。

3－21

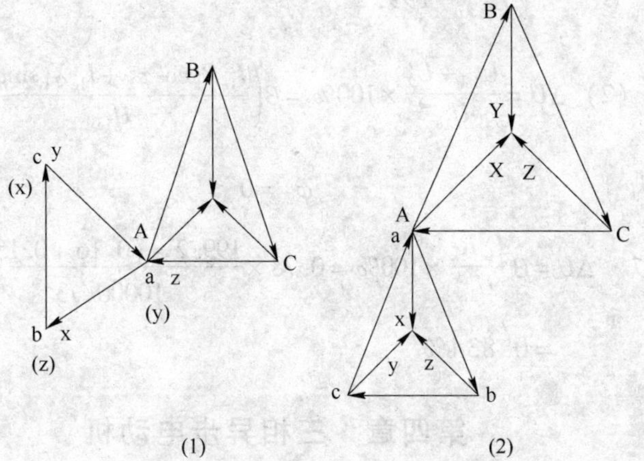

题图 2

3－22　(1)　$K=\dfrac{10000/\sqrt{3}}{6300}=0.92$

$$R'_2=K^2R_2=0.92^2\times0.18=0.15\Omega$$

$$X'_2=K^2X_2=0.92^2\times0.88=0.75\Omega$$

每相负载阻抗的折算值：

$$R'_L=K^2R_L=0.92^2\times40=36.8\Omega$$

$$I_1=\frac{U_{1e}}{\sqrt{(R_1+R'_2+R'_L)^2+(X_1+X'_2)^2}}$$

$$=\frac{10000/\sqrt{3}}{\sqrt{(0.16+0.15+36.8)^2+(0.82+0.75)^2}}$$

$$=155.439A$$

$$I_{1e}=\frac{S_e}{\sqrt{3}U_{1e}}=\frac{3450\times10^3}{\sqrt{3}\times10000}=199.2A$$

所以　$\beta=\dfrac{I_1}{I_{1e}}=\dfrac{155.439}{199.2}=0.780$

(2)　$\Delta U=\dfrac{U_{1e}-U'_2}{U_{1e}}\times100\%=\beta\left(\dfrac{I_{1e}R_k\cos\varphi_2+I_{1e}X_k\sin\varphi_2}{U_{1e}}\right)\times100\%$

因为　$\varphi_2=0$

所以　$\Delta U=\beta\dfrac{I_{1e}R_k}{U_{1e}}\times100\%=0.78\times\dfrac{199.2\times(0.16+0.15)}{10000/\sqrt{3}}\times100\%$

$=0.834\%$

第四章　三相异步电动机

4－1　一般采用绕组短距和分布的方法来削弱谐波电势。

采用分布绕组后，基波和谐波感应电势要乘上一个分布系数 $k_{q\upsilon}=\dfrac{\sin\dfrac{q\upsilon\alpha}{2}}{q\sin\upsilon\dfrac{\alpha}{2}}$，它是一个小于1的系数，而且对不同的谐波次数 υ，系数值不同。基波时，$\upsilon=1$，分布系数接近于1，说明对基波电势削弱不多。谐波次数 υ 越高，往往分布系数越小，对高次谐波削弱越多。绕组短距时，各次感应电势要乘上一个短距系数 $k_{y\upsilon}=\sin\upsilon\dfrac{\gamma}{2}\pi$，它也是一个小于1的系数。但对基波来说，$k_{y1}$ 接近于1，电势削弱不多。谐波次数 υ 越高，往往 $k_{y\upsilon}$ 越小，电势削弱越多。

4－2　不能。

4－3　不必考虑削弱3次、9次谐波电势，因为在三相电动机中，线电势中不存在三次谐波电势。

4－4　每根导体中电势的波形取决于电动机气隙中磁密的波形，采用短距、分布和三相连接的方法是不能改变导体中电势波形的，这些方法只能改善线圈电势、绕组相电势和绕组线电势的波形。

4－5　当异步电动机缺相运行时，定子三相旋转磁场变为单相脉振磁场，使异步电动机转速下降，未熔断相的相电流增大，绕组温度急剧上升，最后导致异步电动机绕组烧毁。

4－6　不是。一个脉振磁势分解为两个旋转的磁势，仅指空间成正弦分布（或余弦分布）的基波和各谐波分量，只适用于正弦（或余弦）函数，不适用于矩形波一类的非正弦周期函数。

4－7　三相合成磁势的特点是：

（1）幅值是某一相的基波幅值的3/2倍；

（2）转向由电流的相序决定；

（3）转速与电流的频率成正比，与极对数成反比；

（4）当某相电流达到最大值时，合成基波磁势的幅值恰好落在该相绕组的轴线上。

4－8　只要将定子绕组上三根电源引线中的任意两根对调，就可以改变定子旋转磁场的方向，也就改变了电动机的旋转方向。

4－9　（1）因为 $n_e = 950\text{r/min}$，所以 $n_1 = 1000\text{r/min}$，$p=3$，故：

$$s_e = \frac{n_1 - n_e}{n_1} = \frac{1000-950}{1000} = 0.05$$

（2）$P_2 = P_e = 100\text{kW}$

（3）$P_{mec} = P_2 + p_m + p_{ad} = 100000 + 1000 + 500 = 101500\text{W}$

$$P_{em} = \frac{P_{mec}}{1-s_e} = 106842.105\text{W}$$

$$T_{em} = 9.55\frac{P_{em}}{n_1} = 1020.267\text{N}\cdot\text{m}$$

（4）$p_{Cu2} = s_e P_{em} = 5342.105\text{W}$

4－10　（1）因为 $n_e = 950\text{r/min}$，所以 $n_1 = 1000\text{r/min}$，$p=3$，故：

$$s_e = \frac{n_1 - n_e}{n_1} = \frac{1000 - 950}{1000} = 0.05$$

(2) $p_{Cu2} = s_e P_{em} = 0.05 \times \left(\frac{28000 + 1100}{1 - 0.05} \right) = 1531.579\text{W}$

(3) $P_2 = P_e = 28\text{kW}$

$$\eta = \frac{P_2}{P_1} \times 100\% = \frac{28000}{28000 + 1100 + 1531.579 + 2200} \times 100\%$$

$$= 85.283\%$$

(4) $I_{1e} = \frac{P_1}{\sqrt{3} U_e \cos\varphi_{1e}} = \frac{32831.579}{\sqrt{3} \times 380 \times 0.88} = 56.685\text{A}$

(5) $f_2 = s_e f_1 = 0.05 \times 50 = 2.5\text{Hz}$

第五章　三相异步电动机的电力拖动

5-1　不是。起动电流的大小与负载转矩无关，它的大小由异步电动机本身的参数和电动机定子的端电压所决定。

5-2　三相异步电动机采用 Y-△换接起动一般适用于轻载起动。起动时，起动转矩下降为原来的 1/3，不适合重载起动。

5-3　对于恒转矩负载，应满足$\frac{U_1'}{U_1} = \frac{f_1'}{f_1} =$ 常数；对于恒功率负载，应满足$\frac{U_1'}{\sqrt{f_1'}} = \frac{U_1}{\sqrt{f_1}} =$ 常数。

5-4　三相绕线异步电动机通常采用在转子绕组中串接变阻器或频敏变阻器起动。

5－5 （1） $s_e=\frac{n_1-n_e}{n_1}=\frac{1000-960}{1000}=0.04$

$$s_m=s_e(\lambda_m+\sqrt{\lambda_m^2-1})=0.04\times(2.3+\sqrt{2.3^2-1})$$
$$=0.175$$

$$R_2=\frac{s_eE_{2e}}{\sqrt{3}I_{2e}}=0.184\Omega$$

代入负载运行时的转差率：$\frac{0.04}{T_e}=\frac{s}{0.75T_e}$

求得： $s=0.03$

则 $s_1=2-s=2-0.03=1.97$

由 $T_{em}=\frac{2T_m}{s'_m}s_1=\frac{2\times2.3\times T_e}{s'_m}\times s_1=-1.8T_e$

得：$s'_m=5.034$，$R_{zd}=\left(\frac{s'_m}{s_m}-1\right)R_2=5.109\Omega$

（2）$T_L=T_{em}=\frac{-2T_m}{s'_m}s_2=\frac{-2\times2.3\times T_e}{5.034}\times s_2=0.75T_e$

得：$s_2=-0.821$，$n=n_1(1-s_2)=-1820.761\text{r/min}$

（3）$s_3=\frac{n_1-n}{n_1}=\frac{1000+280}{1000}=1.28$

由 $T_L=T_{em}=\frac{2T_m}{s'_{m1}}s_3=\frac{2\times2.3\times T_e}{s'_{m1}}\times1.28=0.75T_e$

得：$s'_{m1}=7.851$，$R_{zd}=\left(\frac{s'_m}{s_m}-1\right)R_2=8.071\Omega$

（4）略。

5－6 （1）$s_e = \frac{n_1 - n_e}{n_1} = \frac{600 - 580}{600} = 0.033$

$$T_e = 9550\frac{P_e}{n_e} = 9550 \times \frac{50}{580} = 824.274\text{N} \cdot \text{m}$$

$$T_m = K_T T_e = 1893.534\text{N} \cdot \text{m}$$

$$s_m = s_e(\lambda_m + \sqrt{\lambda_m^2 - 1}) = 0.033 \times (2.3 + \sqrt{2.3^2 - 1})$$

$$= 0.144$$

$$T_Q = \frac{2T_m}{\frac{s_m}{s_Q} + \frac{s_Q}{s_m}} = \frac{2 \times 2.3 \times 824.274}{\frac{0.144}{1} + \frac{1}{0.144}} = 534.259\text{N} \cdot \text{m}$$

（2）$R_2 = \frac{s_e E_{2e}}{\sqrt{3} I_{2e}} = 0.028\Omega$

$$s = \frac{n_1 - n}{n_1} = \frac{600 - 300}{600} = 0.5$$

由 $T_L = T_{em} = \frac{2T_m}{s'_m}s = \frac{2 \times 2.3 \times T_e}{s'_m} \times 0.5 = T_e$

得：$s'_m = 2.3$，$R_{zd} = \left(\frac{s'_m}{s_m} - 1\right)R_2 = 0.419\Omega$

（3）$s = \frac{-n_1 - n}{-n_1} = \frac{-600 - 580}{-600} = 1.967$

由 $T_{em} = -1.8T_e = \frac{2T_m}{s'_m}s = \frac{-2 \times 2.3T_e}{s'_m} \times 1.967$

得：$s'_{\mathrm{m}}=5.027$，$R_{\mathrm{zd}}=\left(\frac{s'_{\mathrm{m}}}{s_{\mathrm{m}}}-1\right)R_2=0.949\Omega$

（4）可采取能耗制动和倒拉反接制动。机械特征曲线略。

第六章　同步电动机

6-1　有。

6-2　隐极式，凸极式。

6-3　2 极。

6-4　综合，电枢反应电抗和漏电抗之和。

6-5　不相等。

6-6　时间函数，空间函数。

6-7　自行。

6-8　空载运行，过励磁。

6-9　等于 90°。

6-10　小于 90°。

6-11　三相同步电动机的转速应满足公式：$n=n_1=\frac{60f_1}{p}$，即转速 n 与电源频率 f_1 成正比，与电动机的极对数 p 成反比。在运行中 f_1、p 的大小都不容易改变，所以同步电动机的转速 n 不易调节。

6-12　凸极式同步电动机的磁极有明显的磁极形状，因而气隙的大小很不均匀。两个磁极之间的气隙比磁极下的气隙大很多。

隐极式同步电动机的转子是圆柱体，励磁绕组分布在整个转子上，它的气隙是均匀的。只有高速同步电动机（例如

3000r/min），从提高电动机本身的机械强度考虑，才做成隐极式的。

6－13　这种情况下电动机的转速不会改变，仍为同步转速空载运行。这是因为，虽然失去励磁使励磁电磁功率为零，但还有凸极电磁功率 $P_{emad}\Omega_1$，对应的电磁转矩 T_{emad} 为：$T_{emad}=\frac{U^2}{2\Omega_1}\left(\frac{1}{X_q}-\frac{1}{X_d}\right)\sin2\theta$，这个电磁转矩 T_{emad} 足以维持电动机空载运行。

6－14　当同步电动机处于过励磁状态时，$E_0>U$，定子电流 $\dot{I}$ 超前电源电压 $\dot{U}$ 的角度为 φ。这时同步电动机除了从电网输入有功功率外，还要从电网输入容性的无功功率，即功率因数 $\cos\varphi$ 是领先性的。

模拟试题一

一、问答题（每题5分，共20分）

（1）他励直流电动机带负载稳定运行时的电枢电流取决于什么？稳态运行时的电磁转矩又取决于什么？

（2）画出变压器（电阻性、电感性、电容性负载）的外特性曲线。什么负载时可以使变压器的副边电压变化率为0？

（3）异步电动机中，当定子通入三相对称电流时，转子磁势的性质是什么？转子电流和电势的频率为多少？

（4）画出降压和转子串电阻时绕线异步电动机的人工机械特性。

二、（15分）一台他励直流电动机，额定数据为：U_e = 220V，I_e = 80A，R_a = 0.1Ω，n_e = 1000r/min。励磁额定电压 U_f = 220V，R_f = 88.8Ω，附加损耗 p_{ad} 为额定功率的1%，η_e = 85%，忽略电枢反应。试求：（1）电动机的额定输入功率；（2）额定输出功率；（3）总损耗；（4）电枢回路铜损耗；（5）励磁绕组铜损耗；（6）附加损耗；（7）机械损耗和铁损耗之和；（8）额定输出转矩；（9）额定电磁转矩；（10）理想空载转速。

三、（23分）一台他励直流电动机，额定数据为：P_e = 55kW，U_e = 220V，I_e = 282A，R_a = 0.045Ω，n_e = 1500r/min，电动机原处于电动状态，带额定负载（反抗性恒转矩负载）

以额定转速稳定运行。(1) 如将电源电压突然降到198V，该电动机能否进入再生发电制动状态？如能，试求最大制动转矩。(2) 如负载转矩为位能性，以最大制动转矩 $2T_e$ 进行电压反接制动，试求稳定转速。如在转速接近 $-n_0$ 时切除反接制动电阻，试求稳定运行的转速。(3) 画出问题 (2) 中的机械特性曲线。(4) 若机电时间常数为 T_M，写出问题 (2) 中两段转速变化的动态特性表达式。

四、(8分) 画出变压器的连接法：(1) Y，d5；(2) Y，y8。

五、(12分) 一台三相笼型异步电动机，额定数据为：$P_e=7.5kW$，$U_{1e}=380V$，额定频率 $f_{1e}=50Hz$，$n_e=950r/min$，过载能力 $\lambda_m=2.0$。(1) 写出电动机机械特性实用公式的数学表达式。(2) 试求电动机在 $s_e=0.03$ 时的电磁转矩 T。(3) 如不采取措施，能否带动 $T_L=60N\cdot m$ 的负载转矩起动？

六、(12分) 一台三相绕线异步电动机，额定数据为：$P_e=40kW$，$U_{1e}=380V$，$I_{1e}=73A$，$f_{1e}=50Hz$，$n_e=980r/min$，转子电阻 $R_2=0.013\Omega$，过载能力 $\lambda_m=2.0$。该电动机用于起重机起动重物，试求：(1) 当负载转矩 $T_L=0.8T_e$、电动机以500r/min恒速提升重物时，转子回路每相应串入的电阻值；(2) 当 $T_L=0.8T_e$、电动机以500r/min恒速下放重物时，转子回路每相应串入的电阻值。

七、(10分) 三相凸极同步电动机定子绕组Y接，已知：$U_e=6000V$，$I_e=57.8A$，$f_e=50Hz$，$n_e=300r/min$，$P_e=$

40kW，转子电阻 $R_2=0.013\Omega$，$\cos\varphi=0.8$（滞后），直轴同步电抗 $X_d=64.2\Omega$，交轴同步电抗 $X_q=40.8\Omega$，额定励磁电势 $E_0=6377\text{V}$，功角 $\theta=21.13°$，不计定子电阻。试求额定电磁功率 T_{em}。

模拟试题二

一、回答下列问题（每题5分，共25分）

（1）画出他励直流电动机运行原理图，并标出图中各量的正方向。

（2）画出同步电动机的V形曲线，并在图中标出过励磁、欠励磁和不稳定区。

（3）降低三相异步电动机的电源电压，其最大转矩、起动转矩、临界转差率如何变化？画出降压前后三相异步电动机的机械特性。

（4）画出变压器的T形等效电路，并给出Z_k、R_k、X_k与等效电路中的参数间的关系。

（5）为什么异步电动机从空载到负载变化时，主磁通变化不大？为什么当转子输出转矩增大时，与转子绕组没有直接联系的定子绕组的电流和输入功率会自动增大？

二、判断变压器的连接组别（共10分）

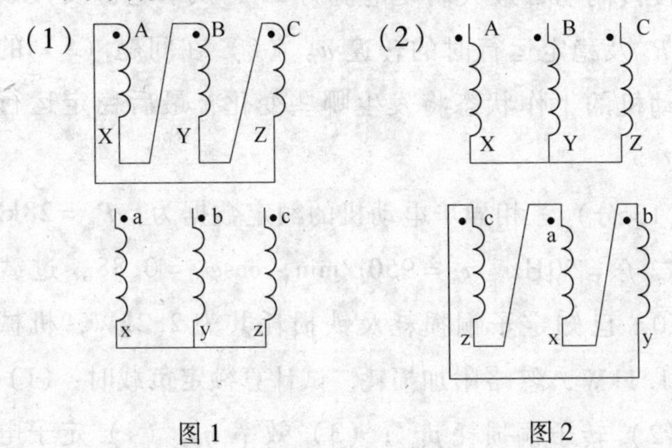

图1　　　　图2

三、(12 分) 三相变压器额定容量 $S_e = 1000\text{kV}\cdot\text{A}$，$U_{1e}/U_{2e} = 10000/3300(\text{V/V})$，Y，d11 连接，$Z_k = 1.5 + j5.3(\Omega)$，带三相△接负载，负载阻抗为 $Z_L = 50 + j85(\Omega)$。试求：(1) 变压器的原边电流 I_1、副边电流 I_2 及副边电压 U_2 (线值)；(2) 变压器的效率 η；(3) 变压器的副边电压变化率 ΔU。

四、(20 分) 他励直流电动机的数据为：$P_e = 10\text{kW}$，$U_e = 110\text{V}$，$I_e = 112.1\text{A}$，$R_a = 0.1\Omega$，$n_e = 750\text{r/min}$。电动机原处于额定运行状态。(1) 试求额定电磁转矩 T_{eme}、额定输出转矩 T_{2e}、理想空载转速 n_0。(2) 当电枢回路串入 0.1Ω 电阻时，试求电动机带负载稳定运行时的转速。(3) 设负载为反抗性恒转矩负载，电动机原处于额定运行时进行能耗制动，最大制动电流为 $2I_e$，试求能耗制动时的电阻 R_{zd}。(4) 设负载为反抗性恒转矩负载，电动机原处于额定运行时进行电源反接制动，最大制动电流为 $2I_e$，试求反接制动时的电阻 R_{zd}。(5) 设负载为位能性恒转矩负载，电动机原处于额定运行时进行电源反接制动，最大制动电流为 $2I_e$，试求电源反接制动时的电阻 R_{zd} 及稳定运行时的转速 n。(6) 在问题 (5) 的条件下，电动机的工作状态将发生哪些变化？最后稳定运行在什么状态？

五、(13 分) 三相异步电动机的额定数据为：$P_e = 28\text{kW}$，$U_e = 380\text{V}$，$f_e = 50\text{Hz}$，$n_e = 950\text{r/min}$，$\cos\varphi_e = 0.88$，过载倍数 $\lambda_m = 2.0$。已知定子铜损耗及铁损耗共为 2.2kW，机械损耗为 $p_m = 1.1\text{kW}$，忽略附加损耗。试计算额定负载时：(1) 转差率 s_e；(2) 转子铜损耗 p_{Cu2}；(3) 效率 η_e；(4) 定子电流

I_{1e}；（5）转子电流频率 f_{2e}；（6）临界转差率 s_m；（7）写出机械特性实用公式的数学表达式（要求该公式为曲线形式）。

六、（20 分）三相绕线异步电动机的额定数据为：P_e = 22kW，过载倍数 $\lambda_m = 3.0$，n_e = 723r/min；E_{2e} = 197V，I_{2e} = 70.5A，R_2 的估算公式为：$R_2 = \frac{s_e E_{2e}}{\sqrt{3} I_{2e}}$。电动机运行在固有机械特性曲线的额定运行点上。（1）若采用电源反接制动，当制动开始时的最大制动转矩为 $2T_e$ 时，试求转子绕组每相应串入的电阻 R_{zd}。（2）如果该负载为位能性恒转矩负载，欲以 300r/min 下放重物，试求转子绕组每相应串入的电阻 R_{zd}。（3）如果该负载为反抗性恒转矩负载，试求用问题（1）中的 R_{zd} 带动该负载时，电动机的稳定下放速度。（4）画出上述各问的机械特性。

模拟试题三

一、(15 分) 一台直流电动机如图 1 所示。已知励磁电流 I_f、电枢电流 I_a 及电动机转速 n 的方向，试判别：(1) 主磁极 (S、N) 的方向；(2) 电枢导体中感应电势的方向；(3) 电枢磁场 (N_a、S_a) 的方向；(4) 换向极磁场 (N_k、S_k) 及其绕组中的电流方向；(5) 该电机是发电机还是电动机；(6) 补偿绕组中电流 I_b 的方向。

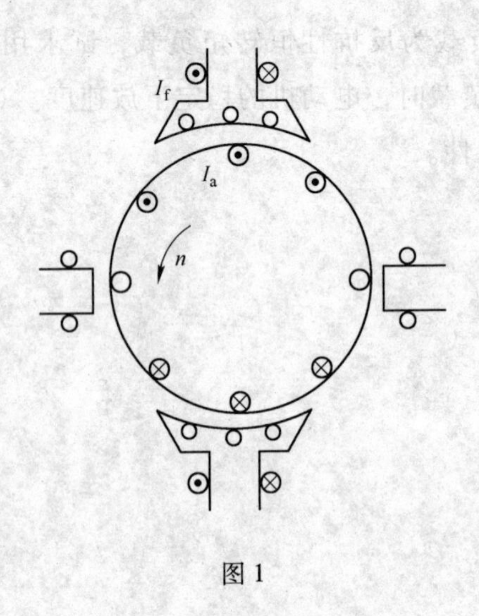

图 1

二、填空题 (每题 4 分，共 20 分)

(1) 异步电动机变极调速时，应改变每相绕组中(　　)；同时为保证电动机转向不变，应改变 (　　)。

(2) 直流电动机的调速方法中，(　　) 方法和(　　)

方法属于恒转矩调速方式。

(3) 同步电动机的V形曲线是（ ）电流和( )电流之间的关系曲线。

(4) 鼠笼电动机的Y－△调速对电动机的要求是( )。在起动电流和起动转矩相同的条件下，它相当于自耦变压器起动时抽头为（ ）的情况。

(5) 交流电动机的磁势是（ ）的函数，而电势是( )的函数。

三、(15分) 一台他励直流电动机，额定数据为：$U_e=220V$，$I_e=75A$，$R_a=0.26\Omega$，$n_e=1000r/min$。励磁额定电压$U_f=220V$，$R_f=91\Omega$，附加损耗$p_{ad}=198W$，铁损耗$p_{Fe}=600W$，忽略电枢反应。试求：(1) 额定输出转矩T_{2e}；(2) 额定效率η_e；(3) 额定负载下，当电枢回路中串入0.26Ω电阻后，电动机的稳定运行转速n。

四、(18分) 一台他励直流电动机，数据为：$P_e=55kW$，$U_e=220V$，$I_e=280A$，$n_e=635r/min$，$R_a=0.044\Omega$，$T_L=400N\cdot m$，系统总飞轮矩为$GD^2=500N\cdot m^2$。当电动机在固有特性上进行能耗制动，制动开始时的最大制动转矩为$2.0T_e$时：(1) 试求电枢回路应串入的电阻值；(2) 画出过渡过程的转速曲线；(3) 计算制动到$n=0$时所需的时间。

五、(17分) 三相绕线异步电动机的额定数据为：$P_e=22kW$，过载倍数$\lambda_m=3.0$，$n_e=723r/min$，$E_{2e}=197V$，$I_{2e}=70.5A$，R_2的估算公式为：$R_2=\dfrac{s_eE_{2e}}{\sqrt{3}I_{2e}}$。重物的大小为$T_L=100N\cdot m$。(1) 试求在固有特性上提升重物时电动机的转速。

(2) 试求在固有特性上利用回馈制动稳定下降重物时电动机的转速。(3) 如果要使电动机以 800r/min 的转速回馈制动下放该重物，计算转子回路应串入的电阻值。

六、(15 分) 某三相变压器的额定数据为：$S_e = 3450\text{kV}\cdot\text{A}$，额定电压为 10000/6300(V/V)，Y，d11 连接。每相参数为：$R_1 = 0.16\Omega$，$X_1 = 0.82\Omega$，$R_2 = 0.18\Omega$，$X_2 = 0.88\Omega$。如副边接三相△接纯电阻负载运行，每相负载电阻为 $R_L = 40\Omega$。试求：(1) 变压器的负载系数：$\beta = I_1/I_{1e}$；(2) 副边电压变化率 ΔU。

模拟试题四

一、填空题（共 20 分）

（1）直流电动机电枢绕组元件流过的电流是（　　）电流，流过正、负电刷的电流是（　　）电流。

（2）直流发电机中电枢绕组产生的电磁转矩是（　　）性质的转矩，直流电动机电枢绕组电势的方向与电枢电流的方向（　　）。

（3）直流电动机的 $U > E_a$ 时运行于（　　）状态，$U < E_a$ 时运行于（　　）状态。

（4）直流电动机电枢绕组的电势指（　　）的电势，其大小与（　　）和（　　）成正比。

（5）他励直流电动机有（　　）、（　　）、（　　）制动方式。

（6）变压器等效电路中的 X_m 对应于（　　）电抗，R_m 表示（　　）电阻。

（7）变压器带负载运行时，若负载增大，其铁损耗将（　　），铜损耗将（　　）。

（8）单相绕组流过单相交流时，产生的磁通势是（　　）磁通势；三相对称绕组流过三相对称交流电流时，产生的磁通势是（　　）磁通势。

（9）三相异步电动机采用分布、短距绕组的主要目的在于改善（　　）和（　　）的波形。

二、简答题（共28分）

（1）如何改变他励直流电动机的转向？如何改变异步电动机的转向？（6分）

（2）什么是电枢反应？它的影响有哪些？（4分）

（3）写出电力拖动系统的运动方程,并分析其运行状态？（6分）

（4）异步电动机的调速方法有哪些？（6分）

（5）选择电动机额定功率时应考虑哪些因素？（6分）

三、（12分）他励直流电动机的数据如下：$P_e = 21\text{kW}$，$U_e = 220\text{V}$，$I_e = 112\text{A}$，$n_e = 950\text{r/min}$，$R_a = 0.145\Omega$。（1）若负载转矩为$0.8T_e$时，试求电动机转速。（2）若负载转矩为$0.8T_e$时，在电枢电路中串联0.6Ω的附加电阻，试求电阻接入瞬间和达到新的稳态时的转速、电枢电流和电磁转矩。（3）在额定负载下将电枢电压降低20%，试求稳定后的转速。

四、（10分）一台他励直流电动机的铭牌数据为：$R_a = 0.3\Omega$，电枢电流最大允许值为$2I_e$，$P_e = 10\text{kW}$，$U_e = 220\text{V}$，$I_e = 53\text{A}$，$n_e = 1000\text{r/min}$。（1）电动机在额定状态下进行能耗制动，试求电枢回路应串接的制动电阻值。（2）用此电动机拖动起重机，在能耗制动状态下以-300r/min的转速下放重物，电枢电流为额定值，试求电枢回路应串入多大的制动电阻？

五、（12分）一台三相电力变压器的试验数据如表1所示。

表1 试验数据

试验名称	电压/V	电流/A	功率/W	电源位置
空载试验	400	60	3800	低压边
负载试验	440	43.3	10900	高压边

（1）画出T形等效电路，求出各参数的欧姆值并标于图上（设 $S_e = 750\text{kV} \cdot \text{A}$，$R_1 = R_2' = \frac{1}{2}R_k$，$X_1 = X_2' = \frac{1}{2}X_k$，$\frac{U_{1e}}{U_{2e}} = 10000/400(\text{V/V})$，Y，yn0 连接）。

（2）该变压器带额定负载且功率因数 $\cos\varphi_2 = 0.8$（滞后）时的电压变化率 ΔU 及效率 η 各为多少？

六、（12 分）一台绕线三相异步电动机，$P_e = 75\text{kW}$，定子和转子绕组均为 Y 形连接，忽略传动机构的转矩损耗，$n_e = 720\text{r/min}$，$\lambda_m = 2.4$，$E_{2e} = 213\text{V}$，$I_{2e} = 220\text{A}$，所带负载为 $T_L = T_e$。试求：（1）要求起动转矩为 $1.48T_e$ 时，转子每相应串入的电阻值；（2）要求转速为 300r/min（倒拉反转制动状态）时，转子每相应串入的电阻值。

七、（6 分）画相量图，并判别图 1 所示的三相变压器的连接组别。

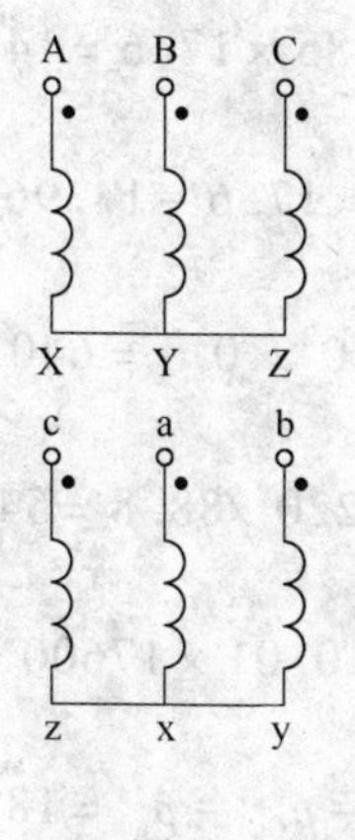

图 1

模拟试题参考答案

模拟试题一

一、问答题

（1）取决于负载电流。取决于负载转矩的大小。

（2）外特性曲线略。容性负载可以使副边电压变化率为0。

（3）圆形旋转磁势。$f_2 = s_e f_1$。

（4）略。

二、（1）$P_1 = U_e I_e = 220 \times 80 = 17.6\text{kW}$

（2）$P_2 = \eta_e P_1 = 0.85 \times 17.6 = 14.96\text{kW}$

（3）$\sum p = P_1 - P_2 = 17.6 - 14.96 = 2.64\text{kW}$

（4）$p_{Cua} = I_e^{\ 2} R_a = 80^2 \times 0.1 = 640\text{W} = 0.64\text{kW}$

（5）$p_{Cuf} = U_f^2 / R_f = 220^2 / 88.8 = 545.045\text{W}$

（6）$p_{ad} = 0.01 P_e = 0.01 \times 17600 = 176\text{W}$

（7）$p_{Fe} + p_m = \sum p - p_{Cua} - p_{ad} = 1824\text{W}$

（8）$T_e = 9550 \dfrac{P_2}{n_e} = 9550 \times \dfrac{14.96}{1000} = 142.9\text{N} \cdot \text{m}$

(9) $C_e\Phi_e = \frac{U_e - R_aI_e}{n_e} = \frac{220 - 0.1 \times 80}{1000} = 0.212\text{V} \cdot \text{min/r}$

$$C_T\Phi_e = 9.55C_e\Phi_e = 9.55 \times 0.212 = 2.025\text{N} \cdot \text{m/A}$$

$$T_e = C_T\Phi_e I_e = 2.025 \times 80 = 162\text{N} \cdot \text{m}$$

(10) $n_0 = \frac{U_e}{C_e\Phi_e} = \frac{220}{0.212} = 1038\text{r/min}$

三、$C_e\Phi_e = \frac{U_e - R_aI_e}{n_e} = \frac{220 - 0.045 \times 282}{1500} = 0.138\text{V} \cdot \text{min/r}$

$$C_T\Phi_e = 9.55C_e\Phi_e = 9.55 \times 0.138 = 1.318\text{N} \cdot \text{m/A}$$

电动机机械特性方程为：

$$n = \frac{U_e}{C_e\Phi_e} - \frac{R_a}{C_eC_T\Phi_e^2}T_{em} = \frac{220}{0.138} - \frac{0.045}{0.138 \times 1.318}T_{em}$$

$$= 1594 - 0.247T_{em}$$

(1) 降压后的理想空载转速为：

$$n_0' = \frac{U'}{C_e\Phi_e} = \frac{198}{0.138} = 1435\text{r/min} < n_e(n_e = 1500\text{r/min})$$

制动开始时的机械特性方程为：

$$n_e = \frac{198}{0.138} - 0.247T_{em} = 1435 - 0.247T_{em}$$

制动开始的转矩为：

$$T_{em} = \frac{1435 - n_e}{0.247} = \frac{1435 - 1500}{0.247} = -263\text{N} \cdot \text{m}$$

(2) 串电阻后的机械特性方程为：

$$n=\frac{-U_e}{C_e\Phi_e}-\frac{R_a+R_{zd}}{C_eC_T\Phi_e^2}T_{em}$$

$$1500=\frac{-220}{0.138}-\frac{0.045+R_{zd}}{0.138\times1.318}\times(-2\times216)$$

$$=-1594+(0.045+R_{zd})\times2375$$

反接制动所串电阻值为：$R_{zd}=1.303-0.045=1.258\Omega$

所以反接制动机械特性为：

$$n=-1594-\frac{R_a+R_{zd}}{C_eC_T\Phi_e^2}T_{em}=-1594-\frac{1.303}{1.318\times0.318}T_{em}$$

$$=-1594-3.109T_{em}$$

串电阻后的稳定转速为：

$$n=-1594-3.109\times372=-2751\text{r/min}$$

切除 R_{zd}后的稳定转速为：

$$n=-1594-0.247\times372=-1686\text{r/min}$$

（3）问题（2）中的机械特性如题图 1、题图 2 所示。

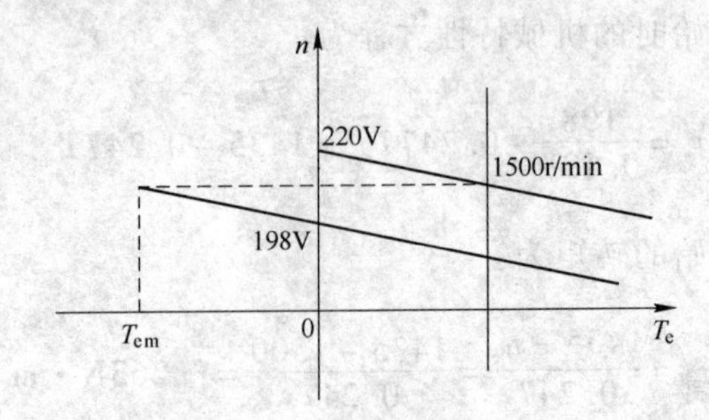

题图 1

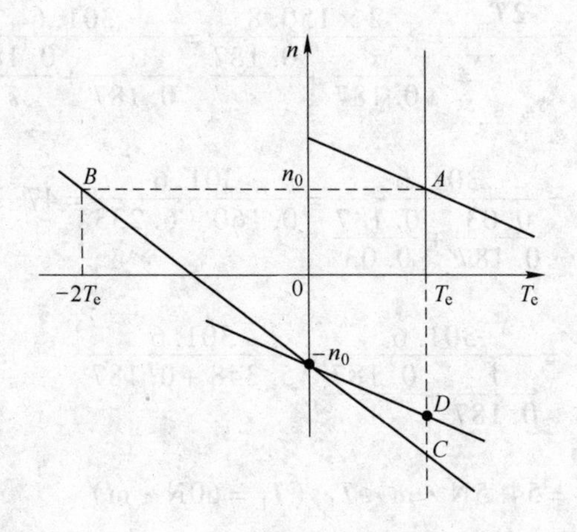

题图 2

（4）第一段：$n = 1500e^{-\frac{t}{T_M}} - 2750(1 - e^{-\frac{t}{T_M}})$

第二段：$n = -1594e^{-\frac{t}{T_M}} - 1686(1 - e^{-\frac{t}{T_M}})$

四、略。

五、（1） $s_e = \dfrac{n_1 - n_e}{n_1} = \dfrac{1000 - 950}{1000} = 0.05$

$s_m = s_e(\lambda_m + \sqrt{\lambda_m^2 - 1}) = 0.5 \times (2 + \sqrt{2^2 - 1}) = 0.187$

最大转矩为：

$$T_e = 9550\frac{P_e}{n_e} = 9550 \times \frac{7.5}{950} = 75.4\text{N} \cdot \text{m}$$

$$T_m = \lambda_m T_e = 2 \times 75.4 = 150.8\text{N} \cdot \text{m}$$

所以机械特性方程式为：

$$T_{e}=\frac{2T_{m}}{\frac{s}{s_{m}}+\frac{s_{m}}{s}}=\frac{2\times150.8}{\frac{s}{0.187}+\frac{0.187}{s}}=\frac{301.6}{\frac{s}{0.187}+\frac{0.187}{s}}$$

（2） $$T_{e}=\frac{301.6}{\frac{0.03}{0.187}+\frac{0.187}{0.03}}=\frac{301.6}{0.160+6.233}=47.2\text{N}\cdot\text{m}$$

（3） $$T_{st}=\frac{301.6}{\frac{1}{0.187}+\frac{0.187}{1}}=\frac{301.6}{5.348+0.187}$$

$$=54.5\text{N}\cdot\text{m}<T_{L}\ (T_{L}=60\text{N}\cdot\text{m})$$

所以，如不采取措施，则不能带动 $T=60\text{N}\cdot\text{m}$ 的负载转矩起动。

六、（1） $$s_{e}=\frac{n_{1}-n_{e}}{n_{1}}=\frac{1000-980}{1000}=0.02$$

$$s_{m}=s_{e}(\lambda_{m}+\sqrt{\lambda_{m}^{2}-1})=0.02\times(2+\sqrt{2^{2}-1})=0.0746$$

$$T_{e}=9550\frac{P_{e}}{n_{e}}=9550\times\frac{40}{980}=389.796\text{N}\cdot\text{m}$$

电动机以 500r/min 恒速提升重物时的转差率为：

$$s'=\frac{n_{1}-n_{e}}{n_{1}}=\frac{1000-500}{1000}=0.5$$

将其代入人工机械特性方程：

$$T_{L}=T_{em}=0.8T_{e}=\frac{2T_{m}}{s'_{m}}s'=\frac{2\times2T_{e}}{s'_{m}}\times0.5$$

则人工机械特性临界转差率为：$s'_{m}=2.5$

所串电阻值为：

$$R_{zd}=\left(\frac{s'_{m}}{s_{m}}-1\right)R_2=\left(\frac{2.5}{0.0746}-1\right)\times0.013=0.4227\Omega$$

（2） $s''=\frac{n_1-n_e}{n_1}=\frac{1000+500}{1000}=1.5$

将其代入：

$$T_L=T_{em}=0.8T_e=\frac{2T'_m}{s'_{m1}}s''=\frac{2\times2T_e}{s'_{m1}}\times1.5$$

则人工机械特性临界转差率为：$s'_{m1}=7.5$

所串电阻值为：

$$R_{zd1}=\left(\frac{s'_{m1}}{s_m}-1\right)R_2=\left(\frac{7.5}{0.0746}-1\right)\times0.013=1.294\Omega$$

七、$T_{em}=\frac{3E_0\frac{U_e}{\sqrt{3}}}{X_d\Omega_1}\sin\theta+\frac{1}{2}\times\frac{3\left(\frac{U_e}{\sqrt{3}}\right)^2}{\Omega_1}\left(\frac{1}{X_q}-\frac{1}{X_d}\right)\sin2\theta$

$$=\frac{3\times6377\times\frac{6000}{\sqrt{3}}}{64.2\times\frac{2\pi\times300}{60}}\times\sin21.13^{\circ}+\frac{1}{2}\times\frac{3\times\left(\frac{6000}{\sqrt{3}}\right)^2}{\frac{2\pi\times300}{60}}\times$$

$$\left(\frac{1}{40.8}-\frac{1}{64.2}\right)\times\sin(2\times21.13^{\circ})$$

$$=15.73\times10^3\text{N}\cdot\text{m}$$

模拟试题二

一、回答下列问题

（1）他励直流电动机运行原理图如题图 3 所示。

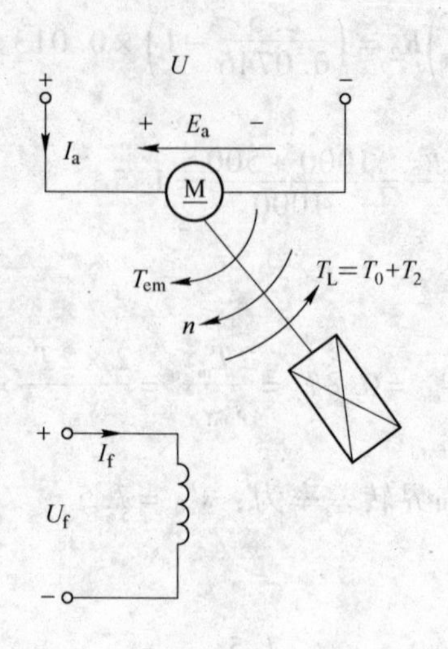

题图 3

（2）同步电动机的 V 形曲线如题图 4 所示。

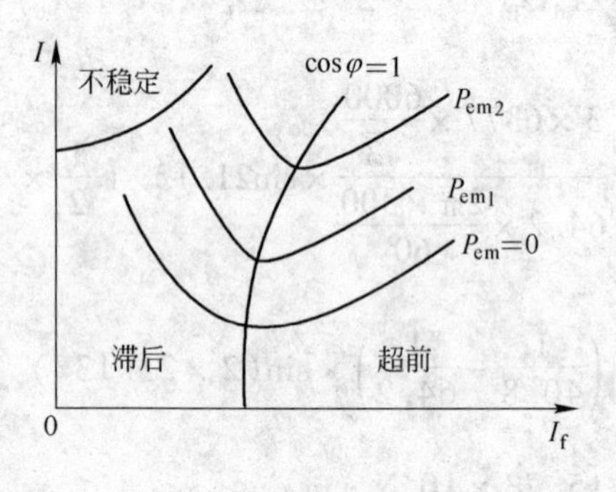

题图 4

（3）最大转矩、起动转矩与电源电压成平方关系减少，临界转差率不变。降压前后三相异步电动机的机械特性如题图 5 所示。

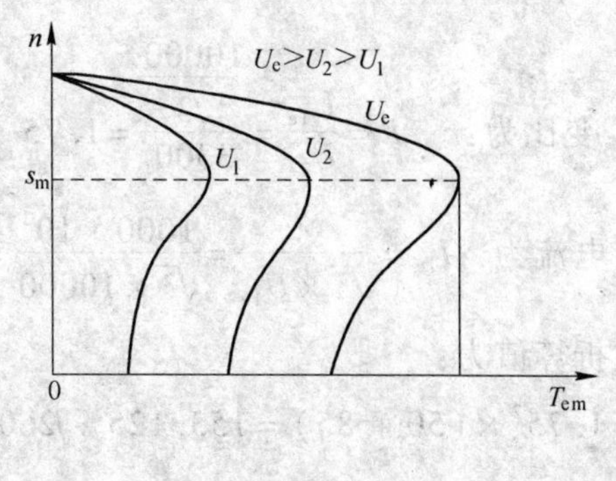

题图 5

（4）变压器的 T 形等效电路如题图 6 所示。

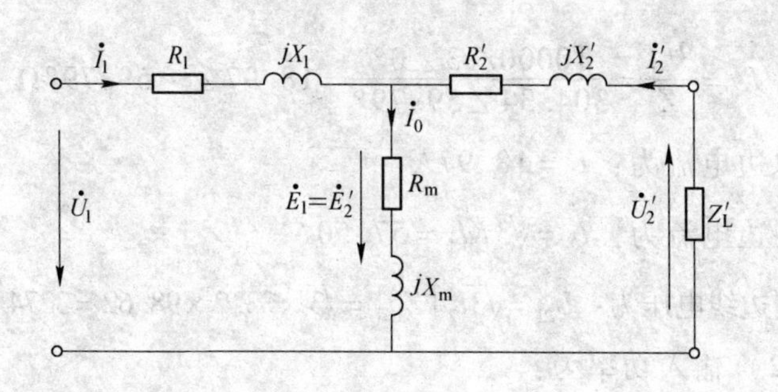

题图 6

$$Z_k = Z_1 + Z'_2,\ R_k = R_1 + R'_2,\ X_k = X_1 + X'_2$$

（5）因为当电源电压不变时，不论是空载还是负载，气隙磁场产生的主磁通总近似等于电源电压，因此基本不变。当转子输出转矩增大时，转子电流会自动增加，由于磁动势平衡关系，定子绕组的电流会自动增加，因此定子输入功率会自动增加。

二、（1） D，y11；（2） Y，d5。

三、（1） 变比为： $K=\frac{U_{1e}}{U_{2e}}=\frac{\frac{10000}{\sqrt{3}}}{3300}=1.75$

原边额定电流为： $I_{1e}=\frac{S_e}{\sqrt{3}\times U_{1e}}=\frac{1000\times 10^3}{\sqrt{3}\times 10000}=57.74\text{A}$

负载阻抗折算值为：

$$Z'_L=K^2Z_L=1.75^2\times(50+j85)=153.125+j260.3125(\Omega)$$

总阻抗为：

$$Z=Z_k+Z'_L=154.625+j265.6125=304.34\angle 59.79°\Omega$$

负载时的原边相电流为：

$$\dot{I}_1=\frac{\dot{U}_{1e}}{Z}=\frac{10000/\sqrt{3}\angle 0°}{304.34\angle 59.79°}=18.97\angle -59.79°\Omega$$

原边电流为： $I_1=18.97\text{A}$

副边电流为： $I_2=\sqrt{3}KI_1=57.50\text{A}$

副边线电压为： $U_{2l}=\sqrt{3}I_2|Z_L|=\sqrt{3}\times 33.2\times 98.62=3274.03\text{V}$

（2） 输入功率为：

$$\begin{aligned}P_1&=\sqrt{3}U_1I_1\cos\varphi_1=\sqrt{3}\times 10000\times 18.97\times\cos 59.79°\\&=165.327\text{kW}\end{aligned}$$

负载功率因数为： $\cos\varphi_2=\cos\varphi_L=\cos\left(\arctan\frac{85}{50}\right)=0.507$

效率为： $\eta=\frac{P_2}{P_1}\times 100\%=\frac{\sqrt{3}U_2I_2\cos\varphi_2}{P_1}\times 100\%$

$$=\frac{\sqrt{3}\times 3274.03\times 57.50\times 0.507}{165.327\times 10^3}\times 100\%=99.21\%$$

（3）电压变化率为：$\Delta U = \dfrac{3300 - 3274.03}{3300} \times 100\% = 0.79\%$

四、$C_e\Phi_e = \dfrac{U_e - I_eR_a}{n_e} = \dfrac{110 - 112.1 \times 0.1}{750} = 0.1317\text{V} \cdot \text{min/r}$

$C_T\Phi_e = 9.55C_e\Phi_e = 1.2577\text{N} \cdot \text{m/A}$

（1）额定电磁转矩为：

$T_e = C_T\Phi_eI_a = C_T\Phi_eI_e = 1.2577 \times 112.1 = 140.99\text{N} \cdot \text{m}$

额定输出转矩为：

$$T_{2e} = 9550\,\frac{P_e(\text{kW})}{n_e(\text{r/min})} = 9550 \times \frac{10}{750} = 127.33\text{N} \cdot \text{m}$$

理想空载转速为：$n_0 = \dfrac{U_e}{C_e\Phi_e} = \dfrac{110}{0.1317} = 835.23\text{r/min}$

（2）$n = \dfrac{U_e}{C_e\Phi_e} - \dfrac{R_a + R_{zd}}{C_e\Phi_e}I_e = \dfrac{110}{0.1317} - \dfrac{0.1 + 0.1}{0.1317} \times 112.1$

$= 835.23 - 170.24 = 665\text{r/min}$

（3）能耗制动的机械特性方程为：$n = -\dfrac{R_a + R_{zd}}{C_e\Phi_e}I_a$

所串电阻值为：

$$R_{zd} = -\frac{C_e\Phi_en_e}{I_a} - R_a = -\frac{0.1317 \times 750}{-2 \times 112.1} - 0.1 = 0.34\Omega$$

（4）串电阻后的机械特性方程为：$n_e = \dfrac{U_e}{C_e\Phi_e} - \dfrac{R_a + R_{zd}}{C_e\Phi_e}I_a$

所串电阻值为：

$$R_{zd} = -\frac{U_e + C_e\Phi_en_e}{I_a} - R_a = -\frac{110 + 0.1317 \times 750}{-2 \times 112.1} - 0.1$$

$= 0.83\Omega$

(5) 两者所串电阻值应相等，即：$R_{zd}=0.83\Omega$

稳定运行时的转速为：

$$n=\frac{-U_e}{C_e\Phi_e}-\frac{R_a+R_{zd}}{C_e\Phi_e}I_a=\frac{-U_e}{C_e\Phi_e}-\frac{R_a+R_{zd}}{C_e\Phi_e}I_e$$

$$=\frac{-110}{0.1317}-\frac{0.1+0.83}{0.1317}\times 112.1$$

$$=-835.23-791.59=-1626.82\text{r/min}$$

(6) 正向电动—电源反接制动—反向电动—回馈制动。

五、(1) $s_e=\frac{n_1-n_e}{n_1}=\frac{1000-950}{1000}=0.05$

(2) $P_{mec}=P_2+p_m+p_{ad}=28+1.1=29.1\text{kW}$

电磁功率为：$P_{em}=\frac{P_{mec}}{1-s_e}=\frac{29.1}{1-0.05}=30.63\text{kW}$

转子铜损耗为：$p_{Cu2}=s_eP_{em}=0.05\times 30.63=1.5315\text{kW}$

(3) $$\eta_e=\frac{P_2}{P_1}\times 100\%=\frac{P_e}{P_{em}+p_{Cu1}+p_{Fe}}\times 100\%$$

$$=\frac{28}{30.63+2.2}\times 100\%$$

$$=85.29\%$$

(4) $$I_{1e}=\frac{P_e}{\sqrt{3}U_e\eta_e\cos\varphi_e}=\frac{28000}{\sqrt{3}\times 380\times 0.8529\times 0.88}=56.68\text{A}$$

(5) $f_{2e}=s_ef_1=0.05\times 50=2.5\text{Hz}$

(6) $s_m=s_e(\lambda_m+\sqrt{\lambda_m^2-1})=0.05\times(2+\sqrt{2^2-1})=0.1867$

(7) $$T_{em}=\frac{2T_m}{\frac{s_m}{s}+\frac{s}{s_m}}=\frac{2\times 2\times 9550\times\frac{28}{950}}{\frac{0.1867}{s}+\frac{s}{0.1867}}=\frac{1125.895}{\frac{0.1867}{s}+\frac{s}{0.1867}}$$

六、(1) $s_e = \frac{n_1 - n_e}{n_1} = \frac{750 - 723}{750} = 0.036$

$$s_m = s_e(\lambda_m + \sqrt{\lambda_m^2 - 1}) = 0.036 \times (3 + \sqrt{3^2 - 1})$$
$$= 0.2098$$

转子电阻为：$R_2 = \frac{s_e E_{2e}}{\sqrt{3} I_{2e}} = \frac{0.036 \times 197}{\sqrt{3} \times 70.5} = 0.058\Omega$

反接制动开始时的转差率为：

$$s_B = 2 - s_A = 2 - s_e = 2 - 0.036 = 1.964$$

反接制动方程为：　$T_{em} = \frac{-2T_m}{s'_m} s$

将 $s_B = 2 - s_A = 1.964$、制动开始时转矩 $T_{em} = T_B = -2T_e$ 代入反接制动方程，得反接制动特性的临界转差率为：

$$s'_m = \frac{2T_m}{2T_e} s_B = \lambda_m s_B = 3 \times 1.964 = 5.892$$

所以所串电阻值为：

$$R_{zd} = \left(\frac{s'_m}{s_m} - 1\right) R_2 = \left(\frac{5.892}{0.2098} - 1\right) \times 0.058 = 1.57\Omega$$

(2) 以 300r/min 下放重物时的转差率为：

$$s_D = \frac{n_1 - n_D}{n_1} = \frac{1000 - (-300)}{1000} = 1.3$$

由转矩与电阻的对应关系：$\frac{s_D}{s_A} = \frac{R'_2 + R'_{zd}}{R'_2} = \frac{R_2 + R_{zd}}{R_2}$

可得所串电阻值为：

$$R_{zd} = \left(\frac{s_D}{s_A} - 1\right) R_2 = \left(\frac{1.3}{0.036} - 1\right) \times 0.058 = 2.036\Omega$$

（3）反接制动方程为：$T_{em}=\frac{2T_m}{s'_m}s$

将稳定运行转矩 $T_{em}=T_L=T_e$ 代入，可得稳定运行转差率为：

$$s_C=\frac{T_{em}s'_m}{-2T_m}=\frac{-T_e s'_m}{2\lambda_m T_e}=\frac{-5.892}{-2\times3}=0.982$$

稳定运行转速为：

$$n_C=-n_1(1-s_C)=-750\times(1-0.982)=-13.5\text{r/min}$$

（4）略。

模拟试题三

一、答案如题图 7 所示。

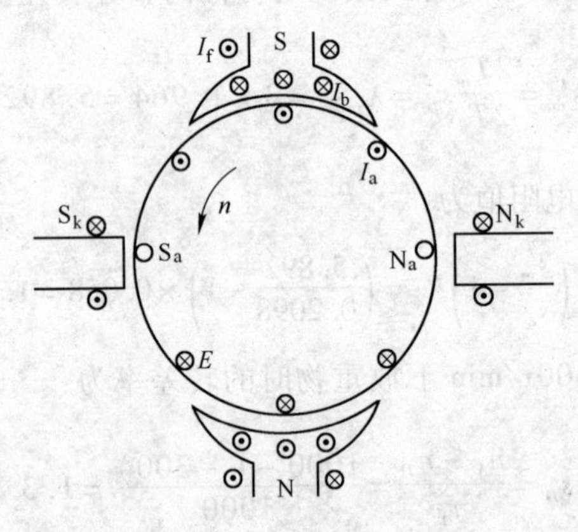

题图 7

因为 I_a 与 E 反向，所以该电机是电动机。

二、填空题

（1）绕组接线，电源相序。

（2）调压，电枢回路串电阻。

（3）电枢，励磁。

（4）正常工作时定子绕组为△接，58%。

（5）空间位置和时间，时间。

三、（1）输入总功率为：$P_1 = U_e I_e = 220 \times 75 = 16.5\text{kW}$

总损耗为：

$$\sum p = p_{Cu} + p_{Fe} + p_m + p_{ad} = 75^2 \times 0.26 + 532 + 600 + 198$$

$$= 2.79\text{kW}$$

$$P_2 = P_1 - \sum p = 17.6 - 2.79 = 14.81 \approx 15\text{kW}$$

$$T_{2e} = 9550 \frac{P_e}{n_e} = 9550 \times \frac{15}{1000} = 143\text{N} \cdot \text{m}$$

（2）$\eta_e = \frac{P_e}{P_1} \times 100\% = \frac{15}{17.6} \times 100\% = 85\%$

（3）$C_e \Phi_e = \frac{U_e - R_a I_e}{n_e} = \frac{220 - 0.26 \times 75}{1000} = 0.201\text{V} \cdot \text{min/r}$

所以串入 0.26Ω 电阻后，电动机的稳定运行转速为：

$$n = \frac{U_e - (R_a + R_{zd}) I_e}{C_e \Phi_e} = \frac{220 - (0.26 + 0.26) \times 75}{0.201} = 901\text{r/min}$$

四、（1）$C_e \Phi_e = \frac{U_e - R_a I_e}{n_e} = \frac{220 - 0.044 \times 280}{635} = 0.327\text{V} \cdot \text{min/r}$

$$C_T \Phi_e = 9.55 C_e \Phi_e = 9.55 \times 0.327 = 3.123\text{N} \cdot \text{m/A}$$

带 400N · m 负载稳定运行时的转速为：

$$n = \frac{U_e - R_a I_a}{C_e \Phi_e} = \frac{U_e}{C_e \Phi_e} - \frac{R_a}{C_e C_T \Phi_e^2} T_{em} = \frac{220}{0.327} - \frac{0.044}{3.123 \times 0.327} \times 400$$

$$= 673 - 17.23 = 656\text{r/min}$$

将能耗制动开始时点的参数带入能耗制动方程：$n = -\frac{R_a + R_{zd}}{C_e \Phi_e} I_a$

能耗制动开始点的转速 n_B，由于机械惯性，$n_B = n_A$，可得：

$$n_B = n_A = -\frac{0.044 + R_{zd}}{0.327} \times (-2I_e)$$

$$656 = -\frac{0.044 + R_{zd}}{0.327} \times (-2 \times 280)$$

所以能耗制动所串电阻值为：$R_{zd} = 0.339\Omega$

（2）能耗制动动态的转速方程为：$n = n_D(1 - e^{-\frac{t}{T_M}}) + n_B e^{-\frac{t}{T_M}}$

能耗制动带位能性负载稳定运行时的转速为：

$$n_D = -\frac{0.044 + 0.339}{3.123 \times 0.327} \times 400 = -150\text{r/min}$$

机电时间常数为：

$$T_M = \frac{GD^2}{375} \cdot \frac{R_\Sigma}{C_e C_T \Phi_e^2} = \frac{500}{375} \times \frac{0.044 + 0.339}{3.123 \times 0.327} = 0.5\text{s}$$

所以能耗制动动态的转速方程为：

$$n = -150 \times (1 - e^{-2t}) + 656 \times e^{-2t}$$

过渡过程的转速曲线如题图 8 所示。当 $n \to 0$ 时停止（摩擦性负载）。

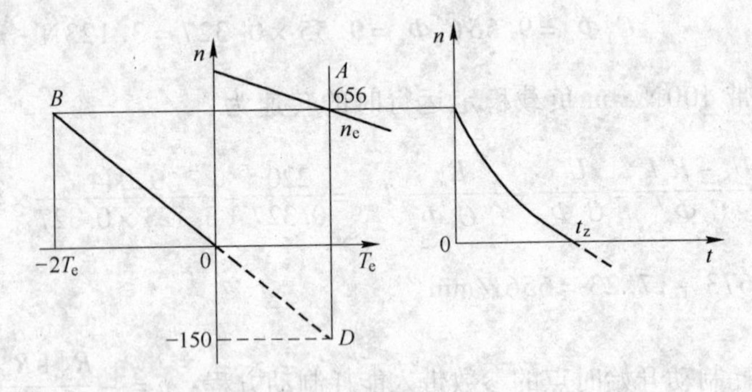

题图 8

（3）制动到 $n=0$ 时所需的时间为：

$$t_0 = T_M \ln \frac{n_D - n_B}{n_D - 0} = 0.5 \times \ln \frac{-150-656}{-150} = 0.5 \times \ln 5.373$$

$$= 0.841\text{s}$$

五、（1）$s_e = \frac{n_1 - n_e}{n_1} = \frac{750-723}{750} = 0.036$

$$s_m = s_e\left(\lambda_m + \sqrt{\lambda_m^2 - 1}\right) = 0.036 \times (3 + \sqrt{3^2-1}) = 0.21$$

$$T_m = \lambda_m T_e = \lambda_m \times 9550 \frac{P_e}{n_e} = 3 \times 9550 \times \frac{22}{723} = 872\text{N} \cdot \text{m}$$

固有机械特性方程为：$T_{em} = \frac{2T_m}{\frac{s}{s_m} + \frac{s_m}{s}} = \frac{2 \times 872}{\frac{s}{0.21} + \frac{0.21}{s}} = \frac{1744}{\frac{s}{0.21} + \frac{0.21}{s}}$

下面求带 100N · m 负载稳定运行时的转速。

由 $$T_e = T_L = 100 = \frac{1744}{\frac{s}{0.21} + \frac{0.21}{s}}$$

得：$\frac{s}{0.21} + \frac{0.21}{s} = 17.44$，$s^2 - 3.66s + 0.044 = 0$

$$s_{1,2} = \frac{3.66 \pm \sqrt{3.66^2 - 4 \times 0.044}}{2} = \frac{3.66 \pm 3.64}{2}$$

$s_1 = 3.65$（舍去），$s_2 = 0.01$

所以带 100N · m 负载稳定运行时的转速为：

$$n_A = (1 - s_2) \cdot n_1 = (1 - 0.01) \times 750 = 743\text{r/min}$$

（2）下面求在固有特性上利用回馈制动稳定下降重物时

电动机的转速。

将负载转矩代入固有特性方程：

$$T_e = \frac{-1744}{\frac{s}{0.21}+\frac{0.21}{s}} = T_L = 100$$

可得： $s^2 + 3.66s + 0.044 = 0$

则回馈制动稳定下降重物时的转差率为：

$$s_{1,2} = \frac{-3.66 \pm \sqrt{3.66^2 - 4\times 0.044}}{2} = \frac{-3.66 \pm 3.64}{2}$$

$$s_1 = -0.01, s_2 = -3.65(\text{舍去})$$

所以回馈制动稳定下降重物时的转速为：

$$n_B = (1-s_1)(-n_1) = (1+0.01)\times(-750) = -758\text{r/min}$$

（3）转子电阻为：$R_2 = \frac{s_e E_{2e}}{\sqrt{3} I_{2e}} = \frac{0.036\times 197}{\sqrt{3}\times 70.5} = 0.058\Omega$

以 800r/min 的转速回馈制动下放负载时的转差率为：

$$s_C = \frac{-n_1 - 800}{-n_1} = \frac{-750+800}{-750} = -0.0667$$

$$\frac{R_2 + R_{zd}}{s_C} = \frac{R_2}{s_B} \qquad \frac{0.058 + R_{zd}}{-0.0667} = \frac{0.058}{-0.01}$$

所以转子回路所串电阻值为：$R_{zd} = 0.33\Omega$

六、（1）变比为：$K = \frac{10000/\sqrt{3}}{6300} = 0.92$

副边参数的折算值为：

$$R'_2 = K^2 R_2 = 0.92^2 \times 0.18 = 0.15\Omega$$

$$X'_2 = K^2 X_2 = 0.92^2 \times 0.88 = 0.75\Omega$$

负载参数的折算值为：

$$R'_L = K^2 R_L = 0.92^2 \times 40 = 36.8\Omega$$

原边电流为：$I_1 = \dfrac{U_{1e}}{\sqrt{(R_1 + R'_2 + R'_L)^2 + (X_1 + X'_2)^2}}$

$$= \frac{10000/\sqrt{3}}{\sqrt{(0.16 + 0.15 + 36.8)^2 + (0.82 + 0.75)^2}}$$

$$= 155.439\text{A}$$

原边额定电流为：$I_{1e} = \dfrac{S_e}{\sqrt{3}U_{1e}} = \dfrac{3450 \times 10^3}{\sqrt{3} \times 10000} = 199.2\text{A}$

所以负载系数为：$\beta = \dfrac{I_1}{I_{1e}} = \dfrac{155.439}{199.2} = 0.780$

（2）电压变化率为：

$$\Delta U = \frac{U_{1e} - U'_2}{U_{1e}} \times 100\% = \beta\left(\frac{I_{1e}R_k\cos\varphi_2 + I_{1e}X_k\sin\varphi_2}{U_{1e}}\right) \times 100\%$$

负载功率因数 $\cos\varphi_2 = 1$，$\sin\varphi_2 = 0$，则带 $R_L = 40\Omega$ 负载时的电压变化率为：

$$\Delta U = \beta \cdot \frac{I_{1e}R_k}{U_{1e}} \times 100\% = 0.78 \times \frac{199.2 \times (0.16 + 0.15)}{10000/\sqrt{3}} \times 100\%$$

$=0.834\%$

模拟试题四

一、填空题

(1) 交变，直流。(2) 制动，相反。(3) 电动，发电。(4) 支路，每极磁通，电动机的转速。(5) 能耗制动，反接制动（或倒拉反转制动），回馈制动。(6) 主磁通，铁损耗。(7) 不变，增大。(8) 脉振，圆形旋转。(9) 电势，磁通势。

二、简答题

(1) 对调电枢绕组两接线端子或改变励磁绕组两端接法。任意调换三相绕组的两接线端子。

(2) 电枢磁场对励磁磁场的影响。励磁磁场波形产生畸变；呈去磁作用。

(3) $T-T_{\mathrm{L}}=J\dfrac{\mathrm{d}\Omega}{\mathrm{d}t}$或 $T-T_{\mathrm{L}}=\dfrac{GD^2}{375}\cdot\dfrac{\mathrm{d}n}{\mathrm{d}t}$。

$T=T_{\mathrm{L}}$ 时，系统处于恒速旋转状态或静止状态；$T>T_{\mathrm{L}}$ 时，系统处于加速状态；$T<T_{\mathrm{L}}$ 时，系统处于减速状态。

(4) 调速方法有：降压调速，绕线式异步电动机转子回路串电阻调速，鼠笼式异步电动机变极对数调速，变频调速，电磁转差离合器调速，串级调速。

(5) 应考虑：电动机的发热与温升是否通过，过载倍数是否足够，对鼠笼式异步电动机还应考虑起动能力是否通过。

三、(1) $C_e\Phi_e = \frac{U_e - I_eR_a}{n_e} = \frac{220 - 112 \times 0.145}{950} = 0.2145\text{V} \cdot \text{min/r}$

$$n = \frac{U_e - 0.8I_eR_a}{C_e\Phi_e} = \frac{220 - 0.8 \times 112 \times 0.145}{0.2145} = 965\text{r/min}$$

(2) 电阻接入瞬间:

$n = 965\text{r/min}$

$$I_a = \frac{U_e - C_e\Phi_e n}{R_a + R_{zd}} = \frac{220 - 0.2145 \times 965}{0.145 + 0.6} = 17.46\text{A}$$

$$T_{em} = 9.55C_e\Phi_eI_a = 9.55 \times 0.2145 \times 17.46 = 35.77\text{N} \cdot \text{m}$$

稳定后:

$$n = \frac{U_e - 0.8I_e(R_a + R_{zd})}{C_e\Phi_e} = \frac{220 - 0.8 \times 112 \times (0.145 + 0.6)}{0.2145}$$

$$= 714\text{r/min}$$

$$I_a = 0.8I_e = 0.8 \times 112 = 89.6\text{A}$$

$$T_{em} = 9.55C_e\Phi_eI_a = 9.55 \times 0.2145 \times 89.6 = 183.5\text{N} \cdot \text{m}$$

(3) $n = \frac{U - I_eR_a}{C_e\Phi_e} = \frac{0.8 \times 220 - 112 \times 0.145}{0.2145} = 745\text{r/min}$

四、(1) $E_a = U_e - I_eR_a = 220 - 53 \times 0.3 = 204.1\text{V}$

$$R_{zd} = \frac{E_a}{I_{amax}} - R_a = \frac{204.1}{2 \times 53} - 0.3 = 1.625\Omega$$

(2) $C_e\Phi_e = \frac{U_e - I_eR_a}{n_e} = \frac{220 - 53 \times 0.3}{1000} = 0.2041\text{V} \cdot \text{min/r}$

$$R_{zd} = -\frac{C_e\Phi_e n}{I_e} - R_a = -\frac{0.2041 \times (-300)}{53} - 0.3$$

$$= 0.855\Omega$$

五、(1) $K = \frac{U_{1e}/\sqrt{3}}{U_{2e}/\sqrt{3}} = \frac{10000}{400} = 25$

$$Z_m = K^2\frac{U_1}{I_0} = 25^2 \times \frac{400/\sqrt{3}}{60} = 2405.7\Omega$$

$$R_m = K^2\frac{p_0}{3I_0^2} = 25^2 \times \frac{3800}{3 \times 60^2} = 219.91\Omega$$

$$X_m = \sqrt{Z_m^2 - R_m^2} = 2395.63\Omega$$

$$Z_k = \frac{U_{1k}}{I_1} = \frac{440/\sqrt{3}}{43.3} = 5.87\Omega$$

$$R_k = \frac{p_k}{3I_k^2} = \frac{10900}{3 \times 43.3^2} = 1.94\Omega$$

$$X_k = \sqrt{Z_k^2 - R_k^2} = 5.54\Omega$$

(2) $\Delta U = \frac{\beta I_{1e}(R_k\cos\varphi_2 + X_k\sin\varphi_2)}{U_{1e}} \times 100\%$

$$= \frac{43.3 \times (1.94 \times 0.8 + 5.54 \times 0.6)}{\frac{10000}{\sqrt{3}}} \times 100\% = 3.66\%$$

$$\eta = \frac{\beta S_e\cos\varphi_2}{\beta S_e\cos\varphi_2 + p_0 + \beta^2 p_{ke}} \times 100\%$$

$$=\frac{1\times750\times0.8}{1\times750\times0.8+3.8+10.9}\times100\% =97.6\%$$

六、（1）$s_e=\frac{n_1-n_e}{n_1}=\frac{750-720}{750}=0.04$

$$s_m=s_e(\lambda_m+\sqrt{\lambda_m^2-1})=0.04\times(2.4+\sqrt{2.4^2-1})$$
$$=0.183$$

$$R_2=\frac{s_eE_{2e}}{\sqrt{3}I_{2e}}=\frac{0.04\times213}{\sqrt{3}\times220}=0.0224\Omega$$

$$1.48T_e=\frac{2\times2.4T_e}{\frac{1}{s'_m}+\frac{s'_m}{1}}$$

解得：$s'_{m1}=2.898$ 或 $s'_{m2}=0.345$

对于 $s'_{m1}=2.898$，

$$R_{zd1}=\left(\frac{s'_{m1}}{s_m}-1\right)R_2=\left(\frac{2.898}{0.183}-1\right)\times0.0224=0.3323\Omega$$

对于 $s'_{m2}=0.345$，

$$R_{zd2}=\left(\frac{s'_{m2}}{s_m}-1\right)R_2=\left(\frac{0.345}{0.183}-1\right)\times0.0224=0.0198\Omega$$

（2）$s=\frac{n_1-n}{n_1}=\frac{750-(-300)}{750}=1.4$

$$s''_m=s(\lambda_m+\sqrt{\lambda_m^2-1})=1.4\times(2.4+\sqrt{2.4^2-1})$$
$$=6.414$$

$$R_{zd3}=\left(\frac{s''_m}{s_m}-1\right)R_2=\left(\frac{6.414}{0.183}-1\right)\times 0.0224=0.7627\Omega$$

七、

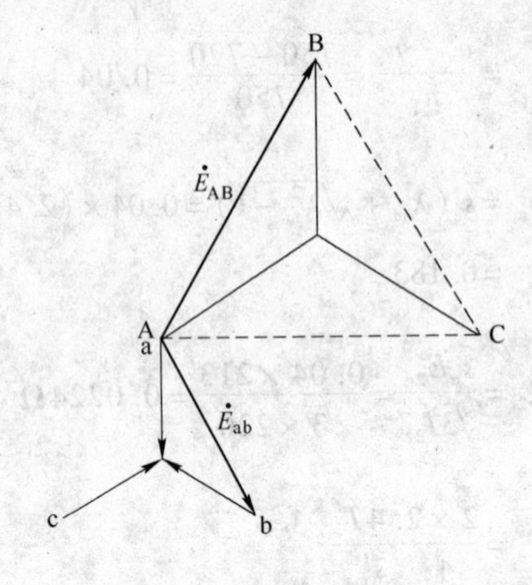

题图 9

三相变压器的连接组别为 Y，y4。

参 考 文 献

[1] 刘启新 . 电机及拖动基础［M］. 2 版 . 北京：中国电力出版社，2008.

[2] 李发海，王岩 . 电机与拖动基础［M］. 3 版 . 北京：清华大学出版社，2006.

[3] 林瑞光 . 电机与拖动基础学习指导和考试指导［M］. 浙江：浙江大学出版社，2003.